"十三五"国家重点出版物出版规划项目

新时代学生发展核心素养文库（小学卷）

独一无二的我

彭 松 朱 慧 编著

华东师范大学出版社

·上海·

图书在版编目(CIP)数据

独一无二的我/彭松,朱慧编著. —上海:华东师范大学出版社,2018
(新时代学生发展核心素养文库·小学卷)
ISBN 978 - 7 - 5675 - 8226 - 2

Ⅰ.①独⋯ Ⅱ.①彭⋯②朱⋯ Ⅲ.①安全教育-少儿读物 Ⅳ.①X956 - 49

中国版本图书馆 CIP 数据核字(2018)第 193005 号

新时代学生发展核心素养文库(小学卷)

独一无二的我

总 主 编　夏德元
编 　 著　彭　松　朱　慧
策划编辑　王　焰
项目编辑　舒　刊
责任编辑　吴　骏
特约审读　陈云杰
责任校对　党一菁
装帧设计　高　山

出版发行　华东师范大学出版社
社　　址　上海市中山北路 3663 号　邮编 200062
网　　址　www.ecnupress.com.cn
电　　话　021 - 60821666　行政传真 021 - 62572105
客服电话　021 - 62865537　门市(邮购)电话 021 - 62869887
地　　址　上海市中山北路 3663 号华东师范大学校内先锋路口
网　　店　http://hdsdcbs.tmall.com

印 刷 者　上海市崇明县裕安印刷厂
开　　本　700×1000　16 开
印　　张　6
字　　数　74 千字
版　　次　2020 年 12 月第 1 版
印　　次　2020 年 12 月第 1 次
书　　号　ISBN 978 - 7 - 5675 - 8226 - 2
定　　价　25.00 元

出 版 人　王　焰

总序

核心素养(Key Competencies)概念最早见于世界经济合作与发展组织(OECD)在 1997 年 12 月启动的"素养的界定与遴选：理论和概念基础"项目。经过多年深入研究后,OECD 于 2003 年出版了报告《核心素养促进成功的生活和健全的社会》,正式采用"核心素养"一词,并构建了一个涉及人与工具、人与自己和人与社会三个方面的核心素养框架。具体包括使用工具互动、在异质群体中工作和自主行动共三类九种核心素养指标条目。

中国学生发展核心素养于 2013 年 5 月由教育部党组委托北京师范大学牵头开展研究。2014 年 4 月,在教育部印发的《关于全面深化课程改革落实立德树人根本任务的意见》中,确定了"核心素养"的重要地位。其后,在教育部的指导下,成立了由上百位专家组成的课题组。在深入研究和征集社会各界意见的基础上,2016 年 9 月,专家组正式发布了中国学生发展核心素养的框架和内涵。

按照这个框架,核心素养主要指"学生应具备的,能够适应终身发展和社会发展需要的必备品格和关键能力"。中国学生发展核心素养,以科学性、时代性和民族性为基本原则,既考虑了中国社会各界的期待和要求,同时也借鉴了世界各国关于核心素养的研究成果,以培养全面发展的人为核心,分为文化基础、自主发展、社会参与三个方面。综合表现为人文底蕴、科学精神、学会学习、健康生活、责任担当、实践创新六大素养,具体细化为国家认同等十八个基本要点。

2019 年 2 月,国务院印发的《中国教育现代化 2035》中指出:"完善教育质量标准体系,制定覆盖全学段、体现世界先进水平、符合不同层次类型教育特点的教育质量标准,明确学生发展核心素养要求。"这说明学生发展核心素养的培养,已经进入国家决策层的视野,成为中国未来人才培养质量整体提高的必然要求。

近年来,围绕中国学生发展核心素养的内涵、外延、培养目标、培养途径等宏观问题,以教育界为代表的各界有识之士展开了广泛而深入的研究,发表了一系列颇有新意的理论成果,并在实践层面做出了可贵的探索。但是,不容忽视的现实是,系统阐释核心素养各个基本要点的基本思想、具体内容、培养途径的著作罕有问世;而能结合培养对象的年龄特点、心理特征、知识背景、社会阅历和培养目标等诸要素,可供家长、教师和学生共同阅读、参照实施的深入浅出的普及读物更是付之阙如。为此,我们特策划组织对学生发展核心素养各个基本要点素有研究、思考和实践经验的高等院校、教育科研机构和中小学优秀教师,共同编写了这套丛书。

本丛书围绕核心素养课题组提出的三个方面六大核心素养诸基本要点,分小学、初中和高中三个阶段,每个阶段针对学生年龄特点,分别按照不同要点设计选题,首批推出三十余种图书。

关于丛书体例,策划者并未做划一的规定;但为体现这套书的总体定位,我们把丛书的撰写要求提炼为四个关键词:

一、发展。以有利于学生人格健全和全面发展为宗旨,不局限于知识的传输,而是着眼于学生的终身发展,把知识积累和能力成长、社会参与、人生幸福结合起来。

二、跨界。跨越学科界限,面向学生、家长、教育工作者等多类读者,尽量就一个方面的问题从多角度展开叙述,使内容更加丰满。

三、启蒙。针对中国教育中存在的现实问题和困惑进行启蒙式的讨论,启发学生、家长、教育工作者反思,解决学生、家长、教育工作者在现实中遇到的困惑,引导学生、家长共同成长、进步。

四、对话。体现对话精神,作者与读者通过文字媒介进行平等对话交流。写作时心里装着读者,让读者阅读时能够感到是和作者在对话,让读者感受到作者的体温和呼吸。为体现这种精神,可以设置问答环节,可以采用对话体,也可以用生活中的真实事例进行阐发。

丛书策划方案定型后,得到上海市委宣传部和国家新闻出版署的高度重视和大力支持;选题列入"十三五"国家重点出版物出版规划项目后,数十位作者殚精竭虑,深入调研,认真撰稿;作者交稿后,出版社十多位编辑精益求精、全心投入,与作者密切联系,反复讨论,改稿磨稿。整个项目前后历时三年,于今终于可以和读者见面了。

希望本丛书的问世,能给广大学生、家长、教育工作者一些切实的帮助,为新时代中国人才培养工作贡献一份力量。对于丛书中可能存在的问题和欠缺,欢迎读者提出批评建议,以便在图书再版时改进。

目录

写在前面

"我"是谁?"你"是谁?"我们"是谁?

观察一下自己和身边的同学,我们每个人都有名字,都是爸爸妈妈的孩子,都有自己的家。看看我们的脸,伸出我们的手比一比,长得都不一样,我们来自不同的家庭,有自己独特的个性和能力;但是我们还有很多共同点,我们都喜欢美食,都喜欢和朋友一起玩,都在一天天长大!

我们在家里、在学校里大多数时候很开心,偶尔也会伤心难过或者生气,遇到一些自己不能解决的麻烦,感觉别人不能理解自己,或者被冤枉,但是想到对方是自己的家人或朋友,我们又会谅解对方,和好如初。这种看不见、却能感觉得到的情分,把人和人连接在一起。当我们为共同的目标一起努力的时候,还会爆发出惊人的力量,获得激动人心的成功体验!"我"是独一无二的,"你"是与"我"相连的,"我们"是一个整体!

走进大自然中观察一下,就会发现,小动物们也有爸爸妈妈,它们对母亲充满了依恋,它们也有朋友,喜欢玩耍,我们共同生活在这美丽的地球上。与小动物相比,"我"作为人类的孩子更聪明,会思考,会说话,会学习,会用手写字、画画、创造各种有趣的东西。

地球是我们共同的家园,是目前人类所知的浩瀚宇宙中唯一孕育了生命的星球,有植物、动物、矿物、水、火、风等各种生命形态和物质形态,我们人类拥有最高的智能和对环境最大的影响力,同属于大自然的一部分,却比其他生物多了很多选择和创造的能力。地球上的生命都要经历成长和变化,十年树木百年树人,经历风雨终成大器。亲爱的孩子,你感觉到自己的变化吗?你的身体在成长、知识在积累、品格日渐完善,正变得越来越有力量,你好奇吗?生命是如何运作延续的?生命是如何出现的?你要如何生活?

希望你喜欢这本书，因为里面没有死记硬背的内容，反而设计了很多小练习，有的是和同学一起玩，有的是和爸爸妈妈展开讨论，还有的靠你自己去琢磨。如果你认真地去练习，积极地思考，敏锐地观察自己的感受，你会认识到自己神奇的大脑和身体可以帮助你做到许多想做的事！

希望你喜欢这本书，因为想象的翅膀将带着你的意识进行超光速飞行，随时冲破天际进入宇宙空间，上一秒亲近遥远的星球，下一刻又探入细胞内部，发现生命的密码。渐渐地，你将找到自己在宇宙空间和历史时间轴上的坐标，获得自己的生命蓝图，认识到其他丰富多彩的生命正与你共享这番时空。

希望你喜欢这本书，因为你会从书中知道，你正受到家庭、学校和社会的呵护，过着健康幸福的生活，但是你也会从电视新闻和网络获得信息，这个世界并非只有光明，人生不会只有坦途。我们还要成熟起来，获得力量去保护自己和他人，以及地球的生态环境，最终选定自己独特的人生轨迹！

亲爱的孩子，你勇敢吗？喜欢探索未知的世界吗？如果喜欢的话，真是太棒了！人类对宇宙的了解也很有限，人类涉足的其他星球目前也只有月球；我们的家园——地球，还存在着很多历史、生物、地质方面的秘密有待解开，神奇的答案正等着你去发现！

出生于 1879 年的阿尔伯特·爱因斯坦，是人类历史上最善于用脑、为推动科学和思想的进步做出过伟大贡献的人之一。他创立了广义相对论，又提出宇宙空间有限无界的假说。他提出光子假设，成功解释了光电效应，因此获得 1921 年诺贝尔物理学奖，推动了量子力学的诞生。更令人敬佩的是，在第一次世界大战中，他坚定反战，绝不屈服，在《告欧洲人书》上签上自己的名字。

爱因斯坦对自己和世界有很多珍贵的感悟，截取三句与你们分享：

"我从事科学研究是出于一种不可遏制的想要探索大自然奥秘的欲望，别无其他动机。"

"想象力比知识更重要，因为知识是有限的，而想象力概括着世界上的一切,推动着进步,并且是知识进化的源泉,严肃地说,想象力是科学研究中的实在因素。"

"人只有献身社会,才能找出那短暂而有风险的生命的意义。"

地球文明已经开始步入高级人工智能和机器人时代,从小了解生命珍贵,具有独立思考和与环境和谐相处的能力变得非常重要。孩子们,当你有感悟或者想到好主意的时候,赶紧记录下来。耶鲁大学曾对毕业生做过跟踪调查,那些随时记录灵感,设计行动方案,并积极采取行动的人,最终都实现了自己的梦想!

你是独一无二的!你很棒!

第一讲　我拥有完美的生命

一、人类神奇的大脑和身体

人体的结构与功能均极为复杂,体内各器官、系统的功能和各种生理过程都不是各自孤立地进行,而是在以脑为最高司令部的神经系统直接或间接调节控制下,互相联系、相互影响、密切配合,使人体成为一个完整统一的有机体,实现和维持正常的生命活动。

人类生活在地球上,地球之外还有宇宙空间,相较来说,人类个体是非常渺小的。可是,古代流传下来的经书和现代的科学技术都揭示了,人脑和身体的构造与地球、宇宙有着惊人的相似性! 我们一起来探究一下吧。

(一) 人类大脑与地球类比

左右半脑与东西方文明

人类的大脑从外观上看分两半,左半脑常被称为理性的脑,右半脑常被称为感性的脑。左右脑经胼胝体结合在一起,交换信息,左右脑协调运作的人,是非常具有创造性的!

和大脑比起来,我们似乎更熟悉地球。地球上有许多国家,由于地域文化的限制,形成了各具特色的东方文明和西方文明。东方文明讲求“天人合一”,观察自然追求“真理”,著名的圣人是孔子。西方文明探究“真相”,以理性的科学实验来认识和改造物质世界,著名的圣人是苏格拉底。古人依托航海和丝绸之路,建立起了东西方文明的纽带,现代火车、轮船、飞机、互联网技术应运而生,使得东西方文化不断交融,焕发出新的活力。

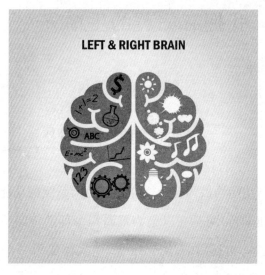

图 1 - 1

通过照片我们来品味一下人类创造的东西方文明各自的魅力吧！

服饰　　　　　　　　　　　　　餐具

艺术　　　　　　　　　　　　　建筑

图 1 - 2

大脑分为五叶三沟与地球表面分为七大洲四大洋

大脑分为五叶三沟：额叶、顶叶、枕叶、颞叶、岛叶；中央沟、外侧沟、顶枕沟。

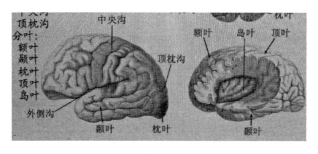

图 1-3

地球表面分为七大洲四大洋。七大洲是亚洲、欧洲、非洲、北美洲、南美洲、大洋洲、南极洲,四大洋是太平洋、大西洋、印度洋、北冰洋。

井然有序的大脑与恒常不变的自然法则

2015 年美国医学研究人员通过一台世界上最先进的核磁共振成像(MRI)扫描仪发现,人脑中的神经纤维实际上是以网格结构生长,并垂直交叠在一起的,并不像科学家一直认为的那样杂乱无章,而是像布料上的纹路一样,井然有序。

人们观察自然现象,发现了不少恒常不变的自然法则。彩虹是气象中的一种光学现象。当阳光照射到半空中的雨点时,光线被折射及反射,在天空中形成拱形的七彩光谱。古人通过观察彩虹认知到太阳光是由红、橙、黄、绿、蓝、靛、紫等各种色光组成的复色光,彩虹的色彩次序也是不变的。

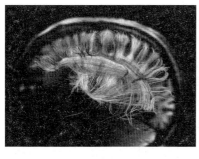

图 1-4 大脑神经纤维排布图

图 1-5 彩虹七色光谱图

3

笼统地说,脑可以分为:大脑、小脑和脑干。

大脑皮层是控制躯体运动的最高级中枢。人类大脑皮层的神经细胞约有140亿个,面积约2 200平方厘米,哺乳动物出现了高度发达的大脑皮层,并随着神经系统的进化而进化。新发展起来的大脑皮层在调节机能上起着主要作用;而皮层下各级脑部及脊髓虽也有发展,但在机能上从属于大脑皮层。高等动物一旦失去大脑皮层,就不能维持其正常的生命活动。

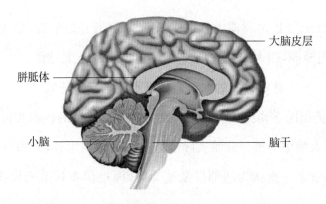

图1-6

人类大脑皮层的主要功能是:使人具有抽象思维的能力,是意识活动的物质基础;支配骨骼肌进行随意运动;调节内脏活动,参与情绪反应和记忆活动。

胼胝体的主要功能是:将一侧大脑皮层的活动向另一侧转送。举个例子:右手学会了一种技巧运动,左手虽然没有经过训练,但在一定程度上也会完成这种技巧运动,说明一侧皮层的学习活动可以通过胼胝体向另一侧转送。

脑干的主要功能是:维持个体生命,包括心跳、呼吸、消化、体温、睡眠和觉醒等重要生理功能,是人的生命中枢。

小脑的主要功能是:对大脑皮质发向肌肉的运动信息和执行运动时来自肌肉和关节等的信息进行整合,并通过传出纤维调整和纠正肌肉的运动,使随意运动保持协调。此外,小脑在维持身体平衡上也起着重要作用。

我们在学校里接受各种学科的练习,其实就是在锻炼我们大脑皮层的各种主要能力,塑造平衡发展的大脑。

亲子小练习:

请对照下图,写一写每一门学科分别锻炼了大脑皮层的什么功能? 然后分享一下你的感悟。

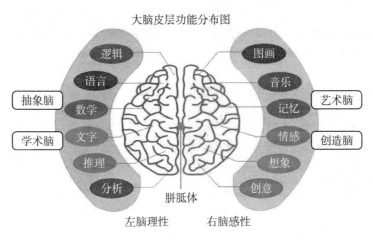

图 1 - 7

例:语文课:逻辑、语言、文字、推理、分析、记忆、情感、想象、创意

数学课:_____

英语课:_____

音乐课:_____

体育课:_____

(二) 人类身体与宇宙类比

令人惊奇的是,宇宙中的物质运动所蕴含的一些基本规律与人体中的某些现象有着惊人的相似。以下宇宙的图片是科学家用天文望远镜拍摄的,人体细胞是用电子显微镜拍摄的,都是自然现象。

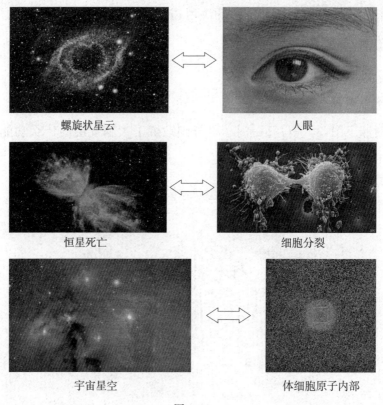

螺旋状星云　　　　　　　人眼

恒星死亡　　　　　　　细胞分裂

宇宙星空　　　　　　　体细胞原子内部

图 1-8

　　人类的身体里蕴含了很多神奇的奥秘,这些知识已经记录在《解剖学及组织胚胎学》《黄帝内经》等文献中,未来你可以深入研究,发掘更多的奥秘。

　　人体结构和功能的基本单位是细胞。许多形态相似、功能相近的细胞,借助细胞间质结合在一起,构成组织。几种不同的组织构成具有一定形态、完成一定功能的器官。许多功能相关的器官连接在一起,完成某一方面的功能,构成系统。

　　人体有运动系统、消化系统、呼吸系统、泌尿系统、生殖系统、循环系统、神经系统和内分泌系统。人体的器官系统虽各有特定的功能,但它们在神经和体液的调节下,互相联系、紧密配合,共同组成了一个完整统一的人体。

　　人类的身体从外部看,有头、颈、躯干、四肢。用手捏捏看,你能摸到最里面是坚硬的骨头、往外是富有弹性的肌肉,最外层是光滑、触觉发达的皮肤。

大脑随你的意志,控制肌肉的收缩和放松,做出各种各样的动作和表情。

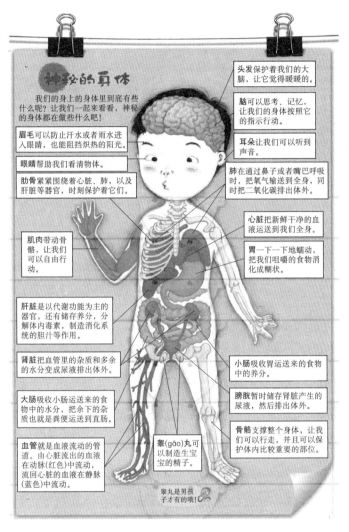

神秘的身体

我们的身上的身体里到底有些什么呢? 让我们一起来看看,神秘的身体都在做些什么吧!

眉毛可以防止汗水或者雨水进入眼睛,也能阻挡炽热的阳光。

眼睛帮助我们看清物体。

肋骨紧紧围绕着心脏、肺,以及肝脏等器官,时刻保护着它们。

肌肉带动骨骼,让我们可以自由行动。

肝脏是以代谢功能为主的器官,还有储存养分,分解体内毒素,制造消化系统的胆汁等作用。

肾脏把血管里的杂质和多余的水分变成尿液排出体外。

大肠吸收小肠运送来的食物中的水分,把余下的杂质也就是粪便送到直肠。

血管就是血液流动的管道。由心脏流出的血液在动脉(红色)中流动,流回心脏的血液在静脉(蓝色)中流动。

头发保护着我们的大脑,让它觉得暖暖的。

脑可以思考、记忆,让我们的身体按照它的指示行动。

耳朵让我们可以听到声音。

肺在通过鼻子或者嘴巴呼吸时,把氧气输送到全身,同时把二氧化碳排出体外。

心脏把新鲜干净的血液运送到我们全身。

胃一下一下地蠕动,把我们咀嚼的食物消化成糊状。

小肠吸收胃运送来的食物中的养分。

膀胱暂时储存肾脏产生的尿液,然后排出体外。

骨骼支撑整个身体,让我们可以行走,并且可以保护体内比较重要的部位。

睾(gāo)丸可以制造生宝宝的精子。

睾丸是男孩子才有的哦!

图 1-9

皮肤、肌肉、骨骼除了有运动的能力,还能起到很好的支撑和保护作用,守护头颅里的大脑和躯干里的心脏、肺脏、胃脏、脾脏、肝脏、肾脏等。

观察上图,在自己的身上找到心脏、肺脏等器官的位置,然后我们来玩个游戏,看看谁能够又快又准确地在自己身上找到老师说到的器官。

比如:老师说:"肺!"同学们就双手轻轻地拍打胸膛,并说:"我爱我的肺!"准备好了吗? 开始!

亲子小练习:

1. 人体的主要内脏器官有:大脑、心脏、肺、胃、肝脏、肠子、肾脏。和爸爸妈妈一起研究一下,用一句话来描述每个脏器的功能。

2. 请家里的长辈舒服地躺着,一起玩拍打身体部位和内脏器官的游戏,家长说,你来拍。记得要带着关爱的心,轻轻地拍哟!

二、与生俱来的力量

(一) 身体蕴含的力量

要证实哪些是人类与生俱来的能力,观察新生儿是最好的方式,因为新生儿跟环境的接触最少。美国心理学家沃克和吉布森(R. D. Walk & E. J. Gibson)首创的视觉悬崖是一种用来观察婴儿深度知觉的实验装置。实验证明了宝宝在 6 个月就有足够的空间视觉能力去辨认深度,并避免掉落悬崖,这是人先天具有的能力,不需要学习。

视崖装置的组成:一张 1.2 米高的桌子,顶部是一块透明的厚玻璃。桌子的一半(浅滩)是用红白图案组成的结实桌面。另一半是同样的图案,但它在桌面下面的地板上(深渊)。在浅滩边上,图案垂直降到地面,虽然从上面看是直落到地上的,但实际上有玻璃贯穿整个桌面。在浅滩和深渊的中间是一块 0.3 米宽的中间板。

这项研究的被试是 36 名年龄在 6—14 个月之间的婴儿,这些婴儿的母亲

悬崖　　浅滩　　棋盘布表面覆盖着玻璃板

玻璃板下看到的情景

图 1-10

也参加了实验。每个婴儿都被放在视崖的中间板上,先让母亲在深渊一侧呼唤自己孩子,然后再在浅滩一侧呼唤自己的孩子。研究中,9 名婴儿拒绝离开中间板,虽然研究者没有解释这个问题,但这可能是因为婴儿太过固执。当另外 27 位母亲在浅滩一侧呼唤他们时,只有 3 名婴儿极为犹豫地爬过视崖的边缘,其余均毫不犹豫地爬向浅滩一侧。当母亲从视崖的深渊一侧呼唤孩子时,大部分婴儿拒绝穿过视崖,他们远离母亲爬向浅滩一侧;或因为不能够到母亲那儿而大哭起来。婴儿已经意识到视崖深度的存在,这一点几乎是毫无疑问的。

　　为了使实验更有说服力,吉布森和沃克用各种动物作为实验参照。众所周知,大部分非人类的动物获得自主运动的能力比人类婴儿要早得多。小山羊和小绵羊在出生后很快就可以站立、行走。从能站的那一刻起,它们就不会犯跌下深渊的错误。

图 1-11

　　这个实验引起相当大的震撼,婴儿不

9

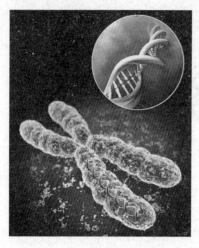

图 1-12

再被认为是一张白纸。如今已证实推理、语言、面孔的辨认与音乐的知觉是人生来就有的能力。

人因为拥有发达的大脑,注定拥有其他生物不可企及的能力。第一次世界大战之前,很多国家的心理学家都尝试着教导猩猩学习人类的语言,从生活起居到教导语言的方式都与人类小孩相同,但都失败了,当小孩子开始正常讲话时,猩猩就无法跟上人类的脚步。原因是人与动物最大的不同在于人的大脑皮层,使得人类具有语言能力。

人与生俱来的能力谱写在了基因中,基因决定了一个人会在不同的时间启动不同的能力,它有自己的规律和启动机制。人的能力受制于身体的发展和成熟,在身体还没有成熟时,有些能力是隐性的,如果基因不启动,任何的教育都是徒劳的。"双生子爬梯实验"有力地证实了这一观点。

美国心理学家格塞尔曾经做过一个著名的实验:让一对同卵双胞胎练习爬楼梯。其中一个(代号为 T)在出生后的第 48 周开始练习,每天练习 10 分钟。另外一个(代号为 C)在他出生后的第 53 周开始接受同样的训练。两个孩子都练习到他们满 54 周的时候,T 练了 7 周,C 只练了 2 周。

这两个小孩哪个爬楼梯的水平高一些呢?大多数人肯定认为应该是练了 7 周的 T 比只练了 2 周的 C 好。但是,实验结果出人意料:只练了 2 周的 C,其爬楼梯的水平比练了 7 周的 T 好,C 在 10 秒钟内爬上了特制的五级楼梯的最高层,T 则需要 20 秒钟才能完成。

格塞尔分析说,其实 48 周就开始练习爬楼梯,为时尚早,孩子没有做好成熟的准备,所以训练只能取得事倍功半的效果;53 周开始爬楼梯,这个时间就非常恰当,孩子做好了成熟的准备,所以训练就能达到事半功倍的效果。

这个实验给我们的启示是:教育要尊重孩子的实际水平,在孩子尚未成熟之前,要耐心地等待,不要违背孩子发展的自然规律,不要违背孩子发展的内在"时间表"人为地通过训练加速孩子的发展。

人的能力基因一旦启动,环境如果不配合,会给人的能力造成不可逆的创伤。例如婴儿的视觉能力,如果出生头七天里不让婴儿见光,这孩子就会永久失去视觉能力。这也提醒我们,隐性能力转为显性能力是有关键期的。著名的"狼孩"回归社会的真实实例,也表明了错过语言学习敏感期,事后怎么教也不能掌握。

图 1 - 13

1920 年,在印度加尔各答东北的一个名叫米德纳波尔的小城,人们常见到有一种"神秘的生物"出没于附近森林,往往是一到晚上,就有两个用四肢走路的"像人的怪物"尾随在三只大狼后面。后来人们打死大狼,终于在狼窝里发现了这两个"怪物",原来是两个女孩。其中大的约七八岁,小的约两岁。这两个小女孩被送到米德纳波尔的孤儿院去抚养,人们给她们取了名字,大的叫卡玛拉,小的叫阿玛拉。到了第二年阿玛拉死了,而卡玛拉一直活到 1929 年。这就是曾经轰动一时的"狼孩"事件。

狼孩刚被发现时,生活习性与狼一样:用四肢行走;白天睡觉,晚上出来活动,怕火、光和水;只知道饿了找吃的,吃饱了就睡;不吃素食而要吃肉(不用手拿,放在地上用牙齿撕开吃);不会讲话,每到午夜后像狼似的引颈长嚎。卡玛拉经过 7 年的学习,才掌握了 45 个词,勉强地学会几句话,开始朝人的生活习性迈进。她死时估计已有 16 岁,但其智力只相当于三四岁的孩子。

如何才能知道基因启动了？当人产生"我想要学"的念头时，需求感会让人主动去学习。主动学习会有效地激发神经元之间的联结和神经网络的建构，从而使学习者产生长久记忆，激发联想和创意，达到良好的学习效果。

汉朝时，少年匡衡非常勤奋好学。由于家里很穷，所以他白天必须干许多活，挣钱糊口。只有晚上，他才能坐下来安心读书。不过，他又买不起蜡烛，天一黑，就无法看书了。匡衡心痛这浪费的时间，内心非常痛苦。他的邻居家里很富有，一到晚上好几间屋子都点起蜡烛，把屋子照得通亮。有一天匡衡鼓起勇气，对邻居说："我晚上想读书，可买不起蜡烛，能否借用你们家的一寸之地呢?"邻居一向瞧不起比他们家穷的人，就恶毒地挖苦说："既然穷得买不起蜡烛，还读什么书呢!"匡衡听后非常气愤，不过他更下定决心，一定要把书读好。

图 1 - 14

匡衡回到家中，悄悄地在墙上凿了个小洞，邻居家的烛光就从这洞中透过来了。他借着这微弱的光线，如饥似渴地读起书来，渐渐地把家中的书全都读完了。

匡衡读完这些书，深感自己所掌握的知识是远远不够的，他想多看一些书的愿望更加迫切了。恰好匡衡家附近有个大户人家，有很多藏书。一天，匡衡卷着铺盖出现在大户人家门前。他对主人说："请您收留我，我给您家里白干活不要报酬。只是让我阅读您家的全部书籍就可以了。"主人被他的精神所感动，答应了他借书的要求。

匡衡勤奋学习，始终如一，后来，他做了汉元帝的丞相，成为了西汉时期有名的学者。

人的能力与生俱来,独一无二,有自己成长成熟的节奏。所以当你有渴望去学习的时候,不要等着别人为你创造学习环境,而是要主动去争取学习的机会,向老师求教,收集相关资料,珍惜学习的敏感期。学习过程中遇到挫折千万不要放弃,努力成就你的能力!一切的努力都是值得的,因为这是你与生俱来的能力!

(二) 意识蕴含的力量

人与生俱来的另一个了不起的力量是意识,因为意识就是能量。意识运作着大脑,大脑控制着身体,于是人产生了感觉思想、情绪和行动,可以对世界进行认知和创造。听起来很抽象,意识有多大的力量呢?这里有一个真实的事件可以说明。

据美联社报道,美国科罗拉多州阿斯彭地区,皮特金县警长办公室称,2016 年 6 月 17 日晚间,母亲突然听到屋外传来尖叫,急忙跑出去后,发现一头美洲狮正压在 5 岁儿子的身上!

这位母亲情急之下抓住美洲狮的一只爪子,并把右手伸进狮子的嘴将其扒开,让孩子的头退出狮口。当地警方说,这位母亲的手部和腿部受到咬伤和抓伤,男童脸部、头部和颈部受伤,但送医后状态良好。

据了解,美洲狮的体长约为 1 米—1.5 米,成年雄性体重可超过 100 千克!美洲狮的力量,远非一般人类女性能及。

所以我们常说母爱是伟大的,"爱"也是一种非常强大的意识,给人以勇气和力量,激发出惊人的潜能。

那我们能控制自己的意识吗?一起来做个试验吧。

亲子小练习:

第一轮:首先,你在心里想,我要专注地听父母的指令,然后做到父母指令中规定的动作。

家长请每隔 3 秒发出指令：向左转、向右转、向后转、向左跳、向左转，原地跳一圈！

同学们，你做得如何？身体感觉如何？心情如何？

第二轮：现在你心里想，我不要听父母的指令，无论他说什么我都不做。

家长请每隔 3 秒发出指令：向左转、向右转、向后转、向左跳、向左转，原地跳一圈！

同学们，你发现了什么？

通过刚才的实验，希望大家能体会到，"我"是具有独立思考能力的人，具有选择自己行动的能力，而这种"我"的感觉就是意识。通过"我"的意识让"我"的身体去做自己选择的事情！换句话说，如果你犯了错，造成了不好的结果，那也是你选择的结果，要自己承担后果。

三、我拥有无限的潜能

你是怎么理解"潜能"这个词的？它代表超能力吗，比如人在空中悬浮，用意念移动物体？

我们这里要讨论的"潜能"，是指你还没有展现出来的能力，这些能力需要更多的自信、耐心和练习才能拥有。

在这个世界上还有很多现象，人类不知道该如何解读它们的意义和发生的原理。人类所掌握的知识和技术只是冰山一角，知识的海洋无边无际，正等着你去探索！

中国首位诺贝尔医学奖得主屠呦呦说："科学是人类探索、研究、感悟宇宙

图 1 - 15

万物变化规律的知识体系的总称,是对真理的追求、对自然的好奇。"还有多少宇宙的秘密没有解开,人类就有多少潜力可以挖掘! 让我们看看飞行器是如何出现和发展的吧!

图 1 - 16

14 世纪末期,明朝的士大夫万户把 47 个自制的火箭绑在椅子上,自己坐在椅子上,双手举着大风筝。设想利用火箭的推力,飞上天空,然后利用风筝平稳着陆。不幸火箭爆炸,万户也为此献出了生命。西方学者考证,万户是"世界上第一个想利用火箭飞行的人",为整个人类向未知世界探索的进程作出了重要的贡献。

达·芬奇在 15 世纪 70 年代,凭借惊人的想象力,发明了"扑翼飞机"。说它扑翼,是因为它模仿鸟儿、蝙蝠和恐龙中的翼龙,用两个翅膀扑扇着,试图借此升空。

图 1 - 17

  1903 年 12 月 17 日莱特兄弟发明了世界上第一架飞机,首次完成完全受控制、依靠自身动力、机体比空气重、持续滞空不落地的飞行。之前,他们观察、研究老鹰在空中飞行的动作,然后一张又一张地画下来,研究、设计出了滑翔机。

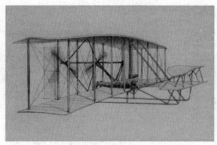

图 1 - 18

  现代的航空航天技术已经普及到日常生活中：乘坐飞机外出旅行;卫星定位系统帮我们轻松找到陌生的目的地;火箭载着人类奔向神秘的太空。

图 1 - 19

未来还会出现什么样的飞行器呢？电影《星际迷航》里的战舰真的会出现吗？

图 1 - 20

下面这些图，是一位小学生看了达·芬奇的画，受到了启发，用自己平时收集的"宝贝"创造的一架水上飞机。

图 1-21

孩子们,对大自然的好奇心会激发出伟大的梦想,使人类爆发出无穷无尽的潜能。让我们张开想象的翅膀,记录下自己的梦想,并努力实现吧!

四、传奇的一生

图 1-22

阿尔伯特·爱因斯坦(Albert Einstein,1879 年 3 月 14 日—1955 年 4 月 18 日)是历史上最善于用脑的人之一,通过了解他的一生,我们来体会一下,该如何用好神奇的大脑和身体,创造有意义的生活。

左边是爱因斯坦 3 岁时的照片,他看起来是否有些内向?爱因斯坦出生在德国一个犹太裔家庭。爱因斯坦三岁多还不会讲话,父母很担心他是哑巴,曾带他去给医生检查。虽然爱因斯坦不是哑巴,可是直到九岁讲话还不很顺畅,所讲的每一句话都必须经过吃力且认真的思考。这使得不少人怀疑他患有艾斯伯格综合征,一种从孩童时期就影响患者语言和行为发展的自闭症障碍。

四五岁时,爱因斯坦的脾气也不太好,可以说是狂躁,把家庭教师都吓跑了。生气的时候甚至还打妹妹,让妹妹受了伤。这样的一个孩子,你认为他的人生还有希望吗?

想一想:

想象一下暴躁、不爱说话的小爱因斯坦是你的弟弟,作为家人,你打算如何帮助他?

爱因斯坦的父母没有放弃,他们展现了莫大的耐心和包容,终于有两样东西唤醒了他的心灵。那就是好奇心和对音乐的热爱。

小爱因斯坦慢慢长大,到了要上学的年纪。上学前的一天,他生病了,本来沉静的孩子比以往更像一只温顺的小猫,静静地蜷伏在家里,一动也不动。父亲拿来一个小罗盘给儿子解闷。爱因斯坦捧着罗盘,只见罗盘中间那根针在轻轻地抖动,指着北边。他把盘子转过去,那根针并不听他的话,照旧指向北边。他又把罗盘捧在胸前,扭转身子,再猛扭过去,可那根针又回来了,还是指向北边。不管他怎样转动身子,那根细细的红色磁针就是顽强地指着北边。爱因斯坦顿时忘掉了身上的病痛,只剩下一脸的惊讶和困惑:是什么东西使针总是指向北边呢?这根针的四周什么也没有,是什么力量推着它指向北边呢?

他觉得一定有什么东西深深地隐藏在这现象后面。一连几天,爱因斯坦都很高兴地玩着罗盘,还纠缠着父亲和雅各布叔叔问了一连串问题。尽管当时他连"磁"这个词都说不好,但爱因斯坦却顽固地想要知道罗盘的指针为什么能指向北边。这种深刻和持久的印象,直到他67岁还能清楚地回忆出来!

想一想:

罗盘激发了爱因斯坦强烈的好奇心。那你有没有过这种好奇的感觉？是什么事情或现象激发了你的好奇心？请记录下来。

_____

_____

爱因斯坦的母亲热爱音乐,是一位颇有造诣的音乐家,有一次她坐在钢琴前轻抚琴键,弹出的旋律犹如潺潺的溪水,爱因斯坦听得入了迷,徜徉在音乐的海洋里浮想联翩。妈妈意识到这个 3 岁的孩子有很强的乐感,就时常弹琴给他听。6 岁的时候,爱因斯坦开始正式学习小提琴,他非常享受音乐带来的美妙体验。但与此同时,传统的小提琴教授法让他感觉到麻烦,机械反复地拉弓和指法练习像是艰苦的劳动和体罚,但是他没有放弃练习。7 年后,爱因斯坦展现出惊人的数学天赋,搞懂了和声和曲式的数学结构,当他演奏莫扎特奏鸣曲时,体会到了无法言喻的快乐,琴弦和心弦共鸣了! 从此以后,他学习小提琴的技巧不是通过正规的霍曼教程,而是自己通过莫扎特奏鸣曲来学习。他发出感叹:"热爱就是最好的老师!"

成年以后,在辗转流离的岁月中,爱因斯坦和小提琴形影不离,几乎每天都会练习,演奏音乐简直成了他的"第二职业"。当他在工作中遇到难题,停滞不前的时候,音乐美妙的旋律带给他灵感,一次次推开迈向真理的大门! 第一次世界大战的时候,他坚守和平的信念,在流亡比利时的轮船上召开了小提琴独奏会,为受迫害的犹太人募捐,展现出勇敢、正义、仁慈的光辉品格。

想一想:

你现在正在培养什么兴趣爱好？

在练习的过程中享受到了什么快乐？

_____

体会到了什么辛苦？

_____

你打算达到什么水平？

_____

你将如何克服困难坚持到目标达成？

_____

26 岁那年的 3 月,爱因斯坦发表量子论,提出光量子假说,解决了光电效应问题。同年 4 月,爱因斯坦向苏黎世大学提交论文《分子大小的新测定法》,取得博士学位。到了 5 月,爱因斯坦完成论文《论动体的电动力学》,独立而完整地提出狭义相对性原理,开创物理学的新纪元。因此 1905 年被称为"爱因斯坦奇迹年"。

42 岁,爱因斯坦因光电效应研究而获得诺贝尔物理学奖。

爱因斯坦以惊人的天赋和勤奋,探索未知世界,推动了科学的发展。同时为世界的和平奔走呐喊,直到生命的最后一刻,令人敬佩!

爱因斯坦过世以后,他的故事还没结束!

一位名叫托马斯·哈维的病理医生借解剖爱因斯坦遗体的机会,"悄悄"地取走了爱因斯坦的大脑。通过和其他 85 个大脑做比较,他发现爱因斯坦的大脑重量和体积正常,但某些区域包含大量皱

图 1 - 23

21

褶。科学界一直无法做出定论：究竟是先天就异于常人的大脑造就了天才，还是勤奋打造了天才的大脑？爱因斯坦本人曾说过："在天才和勤奋之间，我毫不迟疑地选择勤奋，它几乎是世界上一切成就的催生婆。"

勤奋地思考和练习，会让大脑产生什么变化？人类的大脑时刻都在成长，当我们思考和练习时，大脑中的神经元可以形成很多突触，它们互相连接，形成回路，新的行为或观念就出现了！那一刻你会体验到一种很美妙的感觉："啊哈！我明白了！"学习的过程，其实就是建立新的脑回路的过程！

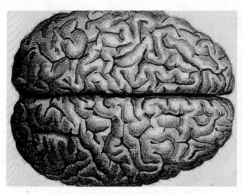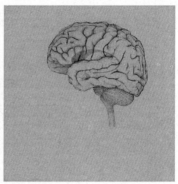

图 1－24

神经元形成的突触在急剧地增加，但是我们的头颅并没有以同样的速度越长越大，于是大脑皮层开始折叠，形成充满皱褶和沟回结构的表面。这些皱褶和沟回结构大大增加了大脑皮层的表面积，为数十亿的神经元提供了空间。所以不用担心你聪明的脑袋里装不下天马行空的奇思妙想！不用担心大脑的内存被用光！大脑具有可塑性！

孩子们，爱因斯坦传奇的一生给了你什么启示？孩子们，希望你们明白：每一个人都有不同的天赋，虽然并不是人人都能成为举世闻名的人，但是，每一个人都能凭借自己的真诚、勤奋，成长为受人尊敬的人。

亲子小练习:

请你和爸爸妈妈一起来讨论一下下面的问题。

你发现自己有什么天赋?

_____

爸爸妈妈发现孩子有什么天赋?

_____

长大以后你想成为什么样的人?

_____

第二讲　我敬畏我的生命

一、来之不易的生命

亲爱的同学们，下面这幅图里包含了组成太阳系的八大行星。请你找一找，地球在哪里？

图 2 - 1

揭晓答案：按照离太阳的距离从近到远，它们依次为水星、金星、地球、火星、木星、土星、天王星、海王星。你找对了吗？

所有的行星在各自的轨道上，绕着太阳公转，看似互相独立，其实息息相关。太阳的光、热、磁场和引力场维系着整个太阳系的稳定运行。木星离地球极其遥远，但是它的运行轨道可以帮助地球避开彗星的撞击，保证地球的安全。月球是地球唯一的自然卫星，月球对地球的引潮力作用，使得地球自转轴的倾斜角度变化在 5 度以内,如果没有月球的引潮力作用,地球的自转轴将在 0—50 度内波动,引起地球气候的大幅变化,绝大多数生物是无法生存的。

正是有了其他星球的帮助和守护,地球获得了得天独厚的条件,可以孕育生命。让我们带着感恩的心,尝试记住太阳系八大行星的名字吧。

想一想:

同学们,你们知道自己的妈妈几岁了吗? 你们知道地球母亲几岁了吗?

地球母亲或许已经 46 亿岁了,她花了 36 亿年时间成长成熟,孕育出最早的海洋生命,直到 4 亿年前,陆地上才出现了生命。地球上的生物经历了 5 次大灭绝,生生死死,周而复始,最后一次发生在 6 500 万年前,称霸地球 1.5 亿年的恐龙灭绝了。又经历了漫长的 6 000 万年,人类出现了。

图 2 - 2

你知道你的爸爸妈妈在生你的时候是几岁吗？他们等待你的降生，做了很多的准备，花了几十年的时间。你知道地球母亲等待你的降生等了多久吗？46亿年！所以你既是爸爸妈妈的宝贝，同时也是地球母亲珍贵的孩子。多么来之不易的生命啊！

你爱你的妈妈吗？你爱地球母亲吗？

你很幸运哦！地球母亲不仅孕育人类，还孕育了其他870余万种生物，而你可能是地球母亲所有孩子中最聪明的！因为你是人类，是当前地球上拥有最高智慧的生物！

想一想：

除了人类，你知道地球母亲还有哪些孩子吗？

_____

_____

联合国环境署发布的一份报告称，地球上的生物分别生活在陆地和海洋中，其中包含大约780万种动物、30万种植物和60万种真菌。

图 2 - 3

在地球上,每一种生命从诞生到成熟都要经历考验。地球母亲很温柔,慷慨地赋予生物生存发展的能力,也给予水、空气和食物,不求回报。同时,她也是一位严厉的老师,在生命的各个阶段,设置了各种各样的挑战。

鲑鱼是一种非常有名的溯河洄游鱼类,它在淡水江河上游的溪流中产卵,然后再回到海洋。幼鱼在淡水中生活2至3年,然后下海,在海中生活一年或数年,直至成熟时再回到原出生地产卵。有时它们回故乡的行程长达二千多公里。

大西洋鲑鱼的产卵期虽是从9月至次年2月,但在一年内,差不多每月都有鱼群接近沿岸,并借助潮流的帮助,从河口上溯入河川。进入河口后要到上游,必须依靠自己的游泳能力,它们为了回到栖息地繁殖,途中要飞越瀑布、堰坝等横在

图2-4

河流中的障碍物以及饥饿的黑熊,必须用极强的游泳能力冲出水面,跳过障碍物和躲避敌人。它们"飞越"瀑布的行为,多少年来一直被赞为奇观!

图2-5

想一想:

同学们,你从鲑鱼身上感受到了什么精神?

蝉是夏天常见的一种昆虫，也就是常说的"知了"。如果你了解蝉的一生，你会发现这个生命不简单！

图 2-6

同学们，你们知道蝉的生命有多长吗？

蝉的生命周期有 1 年，4 年，12 年，13 年，17 年等，因地域与种类不同而不同，譬如北美的是 17 年蝉，南美的是 13 年蝉。

蝉卵最初在枯枝中熬过寒冷的冬天，到翌年 6 至 7 月间孵化落入土中，在地下生活 3 至 4 年，以树根的汁液为生，在泥土里构建了属于自己的房屋与通道，慢慢地长大，一次次蜕变，从蝉蚁成长为蝉蛹。没有爸爸妈妈的照顾，它们依然顽强地生活着，终于在夏天一场大雨过后，阳光接触着湿润的泥土，生命的本能给蝉发出了信号！于是蝉蛹破土而出，爬行到灌木枝条、杂草茎干等处，用爪及前足的刺将身体固定于树皮枝叶上，蜕皮羽化为成虫。这是它一生中的最后一个成长过程。之后，它便是一只成年蝉了，具备了所有的身体功能，可以繁衍后代了。

蜕皮的过程中，蝉蛹必须垂直面对树身，这一点非常重要。这是为了成虫两翅的正常发育，否则翅膀就会发育畸形，整个过程需要一个小时左右。

当蝉的上半身获得自由以后，它又倒挂着使其双翼展开。在这个阶段，蝉的双翼很软，它们通过其中的体液管使之展开。体液管借液体压力使双翼伸开，当液体被抽回蝉体内时，展开的双翼就已经变硬了。如果一只蝉在双翼展开的过程中受到了干扰，它将终生残废，也许再也无法飞行。

无尽的黑暗，孤独痛苦，危险挣扎的日子终于过去了！成虫羽化后 20 天左右，交尾产卵，享受 2 至 3 个月的阳光雨露之后，蝉结束了漫长的一生。用人类大约 80 岁的寿命推算，如果我们也要像蝉一样有这样的等待期，那将是 16 000 年啊！

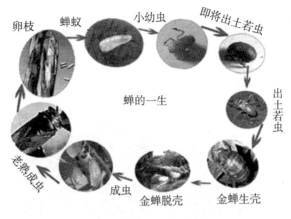

卵枝　　蝉蚁　　小幼虫　　即将出土若虫

蝉的一生

出土若虫

老熟成虫　　成虫　　金蝉脱壳　　金蝉生壳

图 2-7

想一想：

同学们，蝉的一生让你有什么感悟？

_____

从鲑鱼和蝉的身上，我们深深感受到生命的来之不易。无论动物、植物还是人类，所有生命的存在都是伟大的，让我们尊重和敬畏每一个生命吧！

亲子小练习：

试着照顾一个小生命（例如可以种一棵小植物或照料家里的小宠物），在这个过程中体验生命的脆弱与强韧。

二、十月怀胎

（一）冠军诞生

同学们，你们知道自己的诞生是一个奇迹吗？你们知道人类的孩子诞生要经历哪些过程吗？你们知道父母曾经付出多大的努力吗？在这一节的学习中，我们将把秘密一一解开。

"你从哪里来？"

图 2-8

你可能会说，我幼儿园的时候就知道，我是从妈妈的肚子里生出来的！

可是你知道吗，妈妈的肚子里曾经举行过一场非常激烈的游泳比赛，同时参赛的选手有 1 亿—2 亿之多！但是最终，通常只有一位游泳冠军可以胜出，赢得被称之为"生命"的大奖！

比赛开始啦！爸爸的精子游进了妈妈的身体里，谁先找到妈妈的卵子就是胜利者！这场亿中选一、事关生命的游泳比赛开始了，还是一场障碍赛！所有的精子高度关注目标，竭尽全力开始寻找，宫颈的狭窄缝隙是唯一正确的道路，很多精子迷路了，只有 5% 的幸运儿发现了入口，鱼贯而入进入决胜环节，卵子安静地躺在输卵管里，要找到她一点都不容易，精子不顾疲倦奋力游动，终于，最强壮坚韧的精子找到了卵子，一头扎了进去，瞬间比赛结束！精子把自己强大的遗传物质献给卵子，这颗珍贵的受精卵开启了全新的生命旅程！

所有的哺乳动物和人类都是这样获得生命的，无论是公园里的小野猫，还是被呵护在家里的宠物狗，都是了不起的冠军！尽管出生以后生活的环境不尽相同，但是生命珍贵的本质是一样的！

想一想：

当你了解了这个事实,你打算用什么态度对待小动物的生命呢? 你会如何对待每一个人呢?

(二) 十月怀胎

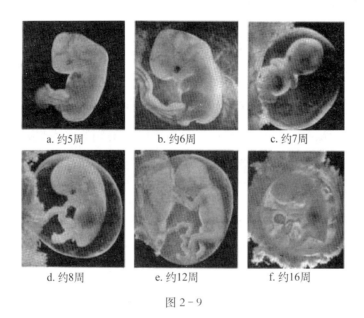

a. 约5周   b. 约6周   c. 约7周

d. 约8周   e. 约12周   f. 约16周

图 2-9

你经历了一场激烈的比赛争取到了获得生命的机会。妈妈孕育你直到把你生下,一般需要努力 280 天,也就是我们常说的"怀胎十月"。

几乎所有的妈妈在怀孕之前就对怀孕的辛苦还有生产时的剧痛有所了解;她也知道,怀孕意味着身材走形,可能再也回不到以前的样子;不能随便吃喜欢的食物,胎儿的健康是第一位的;挺着大肚子,连翻身都困难,时常睡不好觉。但是她还是做出了非常勇敢的选择,生下了你,你的妈妈真了不起!

尽管爸爸在身体上无法承担妈妈怀孕的辛苦,但是他也在全心全意地为你付出。爸爸们努力工作赚钱养家,照顾妈妈多变的情绪,做更多的家务。

想一想：

此刻,你最想对爸爸妈妈说什么?

_____

(三) 生命延续的本质——爱

绝大多数哺乳类宝宝出生以后总是依偎在妈妈身边,受到妈妈的照顾和教导,和自己的族群生活在一起,直到成年。

在自然界中,昆虫和鱼类宝宝却不曾见过自己的父母。虽然昆虫和鱼类宝宝得到的照顾少得可怜,但是怀孕以后,小昆虫的妈妈会寻找多汁健康的枝叶,鱼儿的妈妈会找到温度、流速适宜的水体产卵,这也是妈妈对宝宝的爱和关心。

我们作为人类的宝宝,受到来自妈妈、爸爸、爷爷奶奶、外公外婆多少的爱和照顾? 还有许许多多的老师教授你做人的智慧和本领,人类的孩子是多么幸福!

让我们记住,本质上,生命的出现和延续都是因为"爱"!

亲子小练习：

1. 问问妈妈,在怀孕的日子里,最让妈妈开心的是什么? 最担心的是什么? 经历过最困难的时刻是什么? 她是怎样克服的?

_____

2. 想一想,下面的图中分别是什么小动物的胚胎?

_____

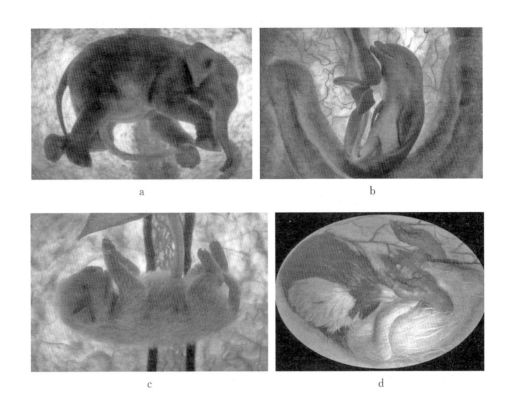

a

b

c

d

三、奇妙的基因

在地球上,所有的生物都是由细胞构成。变形虫由 1 个细胞构成,以细胞分裂的方式繁殖下一代。具有高级智能的人类细胞分裂分化成各大器官,组合成完整的人体,协同运作维持生命,来自父母的精子和卵子结合产生下一代。

是什么决定了生命是单细

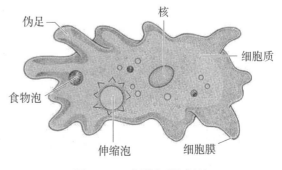

图 2-10 变形虫(阿米巴)

伪足
核
细胞质
食物泡
伸缩泡
细胞膜

胞还是多细胞形态呢？为什么有的生命是植物形态，有的生命是昆虫形态，有的生命是动物形态呢？为什么生物会成长却不会变成另一种生物呢？

（一）独一无二的基因组合

维持生命形态稳定的决定因素是基因。基因承载着物种的遗传信息，使细胞在良好的营养环境中，复制出完全一致的新细胞，来替代衰老的细胞，以保持机体的活力，使生命延续。

基因支持着生命的基本构造和性能，储存着生命的种族、血型、孕育、生长、凋亡等过程的全部信息。环境和遗传的互相依赖，演绎着生命的繁衍、细胞分裂和蛋白质合成等重要生理过程。生物体的生、长、衰、病、老、死等一切生命现象都与基因有关。

人类的细胞核中拥有 23 对染色体，由 DNA 和蛋白质构成。带有遗传信息的 DNA 片段称为基因，人类 DNA 包含 3 万—4 万个基因。

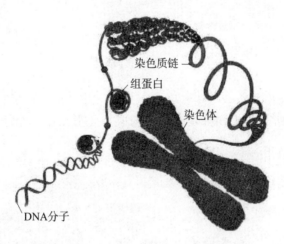

图 2-11

我们已经知道，孩子是由父母的精子和卵子结合诞生的。这个结合的本质就是基因的结合，基因是如何对子代产生影响的呢？我们先来听一个有趣的故事吧。

萧伯纳是英国现代杰出的现实主义戏剧作家,是世界著名的擅长幽默与讽刺的语言大师,曾获得诺贝尔文学奖。而邓肯则是美国著名舞蹈家,她在舞蹈界的成就极高,被人称为"现代舞之母"。

据说,邓肯曾经给萧伯纳写过一封书信,邓肯在信中说道:"我的身体是十分美丽出众的,而你的脑子也被人们认为是非常聪慧的,那么如果咱们两个人生下一个孩子,这不是最理想的事情吗?"后来萧伯纳也根据这封信的内容回信给她,信中是这样说的:"可是如果孩子出生之后身体方面和我一样,而脑子却和你很像,那不是最糟糕的事情吗?"

故事中萧伯纳错误地估计了邓肯的智慧,错失了一段姻缘,却留给我们一个关于遗传学的笑话。这个故事也形象地告诉我们,我们的容貌、体型等都来自父亲和母亲的遗传基因,良好的基因组合可以产生更为优秀的后代。

亲子小练习:

请你观察爸爸妈妈以及你的容貌和动作,看看你的遗传特征是来自爸爸还是妈妈。

你是双眼皮还是单眼皮?像_____。

你是卷发还是直发?像_____。

你有没有酒窝?像_____。

你能否做到将舌头两侧向上卷起呈 U 型?像_____。

你左右手嵌合交握,看是右手大拇指在上还是左手大拇指在上?像_____。

通过这个练习,你或许已经发现,你的容貌和行动方式不是像爸爸就是像妈妈。因为基因在结合的时候,是爸爸妈妈各出一半,重新组合而成的。下面,我们来分析一下遗传给下一代时,基因可能出现的组合方式吧。

以双眼皮、单眼皮这一对基因为例,双眼皮由显性基因控制,以 E 表示。单眼皮由隐性基因控制,以 e 表示。如果爸爸是单眼皮 ee,妈妈是双眼皮 Ee,女儿是双眼皮的可能性有多大?

爸爸的基因组:e e。

妈妈的基因组:E e。

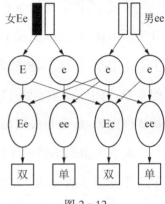

图 2 - 12

女儿的基因组可能会有四种组合方式,每种组合都是父母各出其中的一半:Ee,Ee,ee,ee。

在女儿的基因组合中只要含有显性基因 E,就会呈现双眼皮。因此,我们可以推断出,女儿是双眼皮的可能是 50%。

我们了解到两对基因的组合方式有 4 种,新生命获得什么基因是自然赋予的,正常情况下是不可选择的。所以你和父母、兄弟姐妹长得很像,却不相同。因为人类的 DNA 包含 3 万—4 万个基因,如此就出现了无限多种基因组合方式,所以地球上永远不会出现两个一模一样的人。你是独一无二的!

(二) 多样的基因组合

我们每个人都希望自己美丽聪明,高大强壮,健康长寿。那为什么大自然要设置这样的机制,形成无限多种基因组合方式,把万事万物都塑造成独特的存在?

这里再给大家讲一个小故事。在印度洋的南部有个克格伦岛,岛上经常刮风暴。当年《进化论》的作者达尔文在这个岛上发现昆虫呈现出两种类型:多数昆虫翅膀退化不能飞,少数昆虫翅膀异常发达。是什么造成了这种两极分化的现象呢?

原来这个海岛上经常刮大风,那些有翅能飞但翅膀不够强大的昆虫,就常常被大风吹到海里,因而生存和繁殖后代的机会较少。而无翅或残翅的昆虫,由于不能飞翔,就不容易被风吹到海里,因而生存和繁殖后代的机会就多。适者生存,经过一段时间的自然选择之后,岛上无翅的昆虫就特别多,少数能飞行的昆虫翅膀则表现得异常发达,这种两极分化现象产生的原因就是自然选择。

由此可见,从进化的角度来看,多样的基因组合有利于物种的生存和延续。地球上的生命随时要接受气候变化、自然灾害、疾病甚至是人为的挑战,只要种群的基因组合足够丰富,那么总有个体可以抵御困境存活下来,物种就能免于灭绝。

(三) 有缺陷的基因组合

基因的组合方式有无数种,其中有一些会给我们的日常生活带来一些困扰,例如色盲。

色盲是一种典型的单基因缺陷,是先天的,考驾照、申报美术专业时会受到一些限制。过马路的时候因为无法分辨红绿灯颜色,所以要特别谨慎。

单基因缺陷在人群中是少数,常见的是多基因缺陷。比如:哮喘、深度近视、肥胖、高血压、糖尿病、精神分裂症。如果你发现家里人有这些症状,也别过度担心,因为多基因缺陷受环境的影响很大。还记得克格伦岛上的小昆虫吗? 它们给了我们很重要的启示,如果我们从小注意饮食、锻炼和休息,就有可能推迟病症的出现或使症状变轻微。

很多时候因为缺乏关于基因的知识,有一些具有基因缺陷的人会受到周围人的嘲笑和攻击。比如有的孩子患有抽动症,他们被认为是故意对人做鬼脸,不礼貌,或者因为无法控制发出怪声而被严厉地对待。如果你的身边有这样被误解的人,你会如何与他们相处呢?

患有基因缺陷症的人群数目很小,居住分散,所以针对他们的有效治愈方法和药物也鲜有开发,要帮助他们适应社会生活,需要付出很大的代价。如果你有能力,你会选择帮助他们吗?

(四) 人生而平等

在过往的历史上,曾因为对肤色和人种的歧视而爆发大规模的战争,使人类在精神、肉体和文化方面遭受了巨大的痛苦。如果看过奥运会比赛,你就会清楚地发现,不同的人种各有优势。

白种人多为大力士,重量级举重项目基本被欧美白种人选手垄断。在水中,白种人肌重仅为 1.5 克/立方厘米,而黑种人则为 11.3 克/立方厘米,黄种人介于两者之间,于是争霸游泳池的美国队、澳大利亚队等几乎都是清一色的白种人。黄种人个子矮、体重轻,绝对力量和绝对速度都不占优势,其天赋主要集中在与灵巧、技能和心智等有关的项目上。中国军团在体操、跳水、羽毛球等项目上优势明显。一提起赛跑项目,人们就会想起那些快如闪电的黑种人运动员。黑种人不但拥有超强的爆发力,在耐力上也无与伦比。通过肌肉活检显示,黑种人运动员的肌纤维进行无氧呼吸的百分比较高,因而他们在短跑中耗氧不多,而这正是取胜的关键。黑种人脚底屈肌强度约 150—200 千克,而白种人只有 50 千克左右。若以同样的腿部蹬力作用地面,黑种人的弹力比白种人高出 3—4 倍。这使得他们不仅能跑得更快,而且跳得更高。

国际奥委会在《奥林匹克宪章》中"奥林匹克主义的原则"条款中有这样一段话:"每一个人都应享有从事体育运动的可能性,而不受任何形式的歧视,并体现相互理解、友谊、团结和公平竞争的奥林匹克精神。"现代奥林匹克精神是人生而平等的最佳诠释。

(五) 基因突变

基因突变是基因组 DNA 分子发生的偶然的、可遗传的变异现象。一般基因突变会产生不利的影响,使生物被淘汰或是死亡,但有极少数会使物种增强适应性。例如英国女王维多利亚家族在她以前没有发现过血友病的病人,但是她的一个儿子患了血友病,成了她家族中第一个患血友病的成员。后来,又在她的外孙中出现了几个血友病病人。很显然,在她的父亲或母亲中产生了一个血友病基因的突变。当然,基因突变也不都是坏事,有时候,水稻、小麦等作物会发生基因突变,在生长时高度下降,变为矮秆作物,这有利于植物抵御狂风暴雨,而人类也筛选出这些发生了基因突变的作物,培育出更高产的粮食作物品种。

引起基因突变的原因有:

物理因素:X射线、γ射线、紫外线等;

化学因素:亚硝酸、黄曲霉素等;

生物因素:某些病毒和细菌等。

第三讲　我健康，我快乐

一、生病了怎么办

又到了季节转换的月份，班级里许多同学都咳嗽、感冒、流鼻涕了。为什么人会生病呢？一般来说，人生病的原因包括细菌、病毒等病原体的感染，也与遗传因素、自身免疫力、环境因素和生活习惯等有关。

和小伙伴交流一下：

曾经患过印象较深的疾病是：_____。

当时的感觉是：_____。

当时的治疗方法是：_____。

自己总结了什么经验和教训：_____。

1. 生病总是让人感到不舒服，那你知道生病了应该怎么处理吗？

（1）如果觉得自己身体不舒服了、生病了，应该把自己的症状及时告诉家人或老师。

（2）如果是常见病，如出现流涕、咳嗽等症状，可以在家休息，也可以在父母的指导下服用对症的常用非处方药。

（3）如果病情没有减轻或者发展得比较迅速，身体感觉很不舒服，则要马上到医院里去看病，由医生来最终决定治疗的方法。

（4）平时可以多学习一些处理疾病和意外伤害的方法，这样碰到紧急情况就不害怕了。例如独自一人在家，碰到手指不小心划伤等小问题，就可以自己从家庭小药箱里寻找合适的药品进行应急处理。

2. 学校每周都会给同学们安排健康教育课，相信你已经掌握了一些健康知识。你知道出现下面三种症状分别是患了什么疾病吗？如果知道的话请把答案填写在括号里。

（1）发病时,在面部,头皮和躯干部出现许多皮疹,特征是最初为红斑疹,数小时后变为深红色丘疹,再经数小时后变为疱疹,壁薄易破,抓破后会有疱液流出来,最后从疱疹中心部位枯干结痂,再经数天,痂壳即行脱落。（　　　　）

（2）发病时,眼结膜明显充血,红通通的,同时眼睛里出现许多脓性或粘液脓性分泌物,眼睛怕光、疼痛。（　　　　）

（3）起病大多较急,有发热、头痛、咽痛、食欲不佳、恶心、呕吐、全身疼痛等症状,数小时至一两天后,腮腺显著肿大。（　　　　）

3. 同学们,上面三种疾病都是青少年和儿童中比较常见的疾病,分别是水痘、急性卡他性结膜炎（俗称红眼病）、腮腺炎。你知道这三种疾病都有什么共同的特征吗？那就是它们都具有传染性,属于传染病的一种。同学们,得了传染病我们应该怎么办呢？

（1）及时就医,直至医生诊断病愈后,凭医院证明方可回到学校上课。

（2）不去公共场所学习、就餐、玩耍,不将疾病传染给其他人。

（3）因为传染病具有一定的潜伏期,所以学校还会对与患者密切接触过的同一班级的同学进行观察,确保传染病不在学校蔓延。

想一想：

一年级（3）班的小娟得水痘了,听说她要在家中休息大约两周时间,她的小伙伴们应该怎么表达对她的关心呢？请在你认为正确的选项后面打"√"。

（1）去小娟家中探望。（　　　）

（2）给小娟打电话或者寄贺卡表达自己的关心。（　　　）

（3）等小娟病愈来校上学后帮助她学习病假期间没有学习到的知识。

（　　　）

4. 同学们,在生活中只要注意卫生,得传染病的概率还是比较低的。如果得了常见的传染病,大家不必过于担心和害怕,因为目前的医疗水平足以对付这些常见的传染病了。如果想要远离各种疾病的侵袭,我们可以做些什么呢?

(1) 积极参加体育锻炼。体育运动时,基础体温升高,血氧量增加,身体机能不断提高,体质也就增强了。

(2) 保持良好的卫生习惯,减少接触病原菌的机会。

(3) 不挑食,通过摄入各种食物使营养更均衡,体质更棒。

(4) 乐于学习,善于和小伙伴交往。积极乐观的心态能让人快乐,引起心理上的愉悦,消除外界因素造成的紧张状态,从而提高机体的抵抗力。

亲子小练习:

1. 和爸爸妈妈一起进行清理家庭药箱行动。

现在,许多家庭都有家庭小药箱,然而药品如果保存不当的话,不但起不了预防、治病的作用,反而会对人体产生危害。请你和父母一起整理家庭小药箱吧。

(1) 给每种药品标明有效期,如"有效期至 2021 年 6 月"。

(2) 可以按照外用、内服对家中的药品进行分类。外用的如碘伏、双氧水、金霉素眼药膏、云南白药等。内服的常见药品种类很多,比如腹泻可以备用黄连素、思密达(即蒙脱石散),感冒可以备用板蓝根颗粒、泰诺等。

(3) 按照药品储存条件进行储存,该冷藏的冷藏,该避光的避光存放。

(4) 把过期的药品及时清理掉。

2. 每天和爸爸妈妈一起进行 20 分钟的亲子体育锻炼。

二、不开心了怎么办

人是由身体和心灵共同构成的完整生命体,是具有创造力、有灵性的高级动物,所以人就会有各种复杂的情绪。

人类有哪些基本的情绪呢?

1. 快乐:个人的需求得到满足后一种愉悦的情绪体验。例如:成功完成了一件事情、收到好朋友的礼物、得到他人赞美时会感到很开心。

2. 愤怒:因为非常生气而产生的激动的情绪。例如:心爱的物品被别人弄坏了、被好朋友误解时会觉得很气愤。

3. 恐惧:个人企图摆脱、逃避某种情景时的情绪体验。例如:独自一人外出迷路了、家中突然有陌生人闯进来时会感到很害怕。

4. 悲伤:人失去某种重视或追求的东西时产生的情绪体验。例如:自己的亲人去世了、心爱的小狗走失了我们会感到特别伤心。

同学们,请你试着画一画四种基本的情绪:

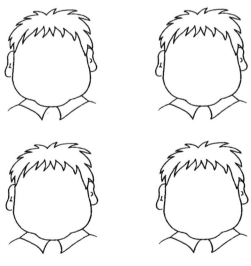

图 3 - 1

看着自己的画,感受一下,在人类的四种基本情绪中,你认为最有利于健康的情绪是哪一种呢?

我们认为,快乐是最有利于健康的情绪。快乐的情绪将带给你阳光和健康,而生气、痛苦、愤怒、委屈常常会使人感到心情郁闷、很不开心。

美国心理学家埃利斯曾创建了情绪 ABC 理论:

A——情绪的诱发事件。

B——人对 A 的信念、认知、评价或看法。

C——结果(情绪)。

当情绪的诱发事件 A 发生后,不同的人以不同的 B(信念、认知、评价或看法)去解读 A,最后产生的 C(情绪)将会不同。

有这样一个故事:两个秀才一起去赶考,路上遇到了出殡的队伍,看到那口黑乎乎的棺材,甲秀才心想:完了,我咋这么倒霉,赶考的日子居然碰到这个倒霉的棺材。甲秀才心情一落千丈,走进考场,那个"黑乎乎的棺材"一直挥之不去,结果,文思枯竭,名落孙山。乙秀才一开始心里也"咯登"了一下,但转念一想:棺材棺材,升官发财,好兆头啊,看来今天我要鸿运当头了,一定高中。于是心里十分兴奋,情绪高涨,走进考场,文思如泉涌,果然一举高中。回到家里,两人都对家人说:那"棺材"真的好灵。

在这个故事中:

A——看到了棺材。

B——甲秀才认为看到棺材很倒霉,乙秀才认为看到棺材是好兆头。

C——甲秀才心情一落千丈,乙秀才情绪高涨。

故事中的两个秀才为什么会对同一样事物有着不同的理解呢?这就是因为不同的人有不同的思维方式,积极的思维方式会让人拥有积极健康的情绪,从而使身心状态良好,笑口常开。

我们每个人都是自己情绪的主人,所以当你不开心了,就可以用一些好方法来调整自己的情绪。下面推荐几个调节情绪的好方法：

（1）心情不愉快了，可以试着向家人或者好朋友倾诉，在家人、朋友的关心中恢复好心情。如果真的很不开心，也可以哭出来，把不好的情绪宣泄掉。

（2）遇到心情不愉快时，可以尝试做自己喜欢的事情，例如：吃一种好吃的食物、看一本自己喜欢的书、唱一首自己喜欢的歌、玩自己喜欢的玩具、洗一个热水澡，这样你的心情就会慢慢好转了。

（3）和小伙伴发生不愉快的事情了，还可以尝试换位思考，把自己当成小伙伴，想一想他为什么会这么做。多从对方的角度想问题，心情就豁然开朗了，很多不愉快也就烟消云散了。

想一想，你有没有碰到过不愉快的事情，你当时是怎么做的，请把它记录下来：

我曾经碰到最不愉快的事情是：＿＿＿＿＿＿＿＿＿＿＿＿＿＿＿＿＿。

当时是这样调整自己的情绪的：＿＿＿＿＿＿＿＿＿＿＿＿＿＿＿。

其中帮助过我的人是：＿＿＿＿＿＿＿＿＿＿＿＿＿＿＿＿＿＿＿。

以后再碰到相同的事情我会这么处理：＿＿＿＿＿＿＿＿＿＿＿＿。

同学们，在生活中谁都会有不开心的时候，如果你能用快乐的心态、积极的思维方式，每天对着镜子里的自己报以自信的微笑，相信，你的生活就会与众不同。

亲子小练习：

1. 每天和爸爸妈妈一起聊一聊今天开不开心，过得好不好，有没有什么有趣的事。

2. 观察一下爸爸妈妈有没有碰到不开心的事情，如果有的话请试着用你的好办法让他们开心起来。

三、身心健康我做主

世界卫生组织提出"健康不仅是躯体没有疾病,还要具备心理健康、社会适应良好和有道德"。可见,在我们的成长过程中,身体和心灵的健康成长缺一不可。父母给予我们美好的生命,呵护我们快乐地成长,可是作为生命的个体,我们在成长过程中是否可以为自己的健康成长负责呢? 答案显然是可以的。

养成良好的生活习惯是我们首先能够做的。合理膳食,适度运动,拥有明确的学习目标,富有广泛的兴趣爱好,保持良好的情绪能让我们拥有一个健康的身体和一个健康的心灵。

小学生处于生长发育的重要阶段,经历长高增重,乳牙更换,智力与心智的成长。因此,我们必须不断地从食物中吸收各种营养,作为生长发育和维持生理活动的物质基础,尤其是优质的蛋白质、足够的无机盐和各种维生素,从而保证正常、充分的发育。此外,拥有充足的高质量睡眠也很重要,一般来说,小学生每天要保证 10 小时的睡眠,才能满足生长发育的需要。

生活中,有一些孩子有挑食、暴饮暴食、偏爱垃圾食品的习惯。你知道挑食所引起的营养不良症,会对我们有什么影响吗? 请看:

(1)易倦怠;

(2)精神不振;

(3)注意力不集中;

(4)体重不增或下降;

(5)抵抗力减退,易患呼吸系统或消化系统疾病。

2017 年 5 月 20 日(全国学生营养日),中国健康教育中心、中国营养学会、中国疾病预防控制中心营养与健康所、北京大学公共卫生学院营养与食品卫生系和中国学生营养与健康促进会联合推出《学生营养膳食行为核心提示》。

《学生营养膳食行为核心提示》中介绍了我们小学生提升健康素养的八大法宝，我们一起来看看：

(1) 了解和认识食物，学习营养健康知识；

(2) 一日三餐，吃好早餐；

(3) 经常运动，防控超重与肥胖；

(4) 食物多样，谷类为主，荤素、粗细搭配；

(5) 保证奶类摄入，经常吃豆类；

(6) 每天足量喝水，少喝或不喝含糖饮料；

(7) 合理选择零食；

(8) 珍惜食物，不浪费食物。

同学们，你在这八项中已经做到了哪几项呢？还未做到的，可要加油了。

除了合理膳食，适度的运动能帮助我们的身体变得健壮。同学们可以在家中进行俯卧撑、仰卧起坐，在社区里进行慢跑、踢毽子、跳绳等简单的日常运动，也可以在周末到专业的场所进行足球、篮球、乒乓球、羽毛球、游泳、武术等体育锻炼。

体育运动后，很多同学会感觉神清气爽、心情愉悦，所以体育运动不仅能增强体质，还对同学们的心理健康有着许多益处：

(1) 体育锻炼能开发左右脑功能，使大脑释放多巴胺、血清素等快乐荷尔蒙，使我们感觉轻松愉快；

(2) 体育锻炼能使疲劳的身体得到积极的休息，让我们精力充沛地投入学习；

(3) 体育锻炼能舒展我们的身心，消除学习带来的压力；

(4) 当我们能熟练地掌握某种体育技能时，可以极大地提高我们的自信心；

（5）体育锻炼中的集体项目可以培养我们的团结、协作的精神。

请记录一种你最喜欢的体育活动，想一想这种体育活动给你的身心健康带来了什么样的影响？

_____

_____。

同学们，健康的心灵对于我们的成长有着非常重要的作用。在学习生活中，我们可能会遭遇学习焦虑、和小伙伴交往障碍、和父母教师沟通障碍等不愉快的事情，那么如何保持良好的情绪呢。我们先来阅读一个小故事，看看这个故事对于我们有什么样的启示。

在非洲草原上，有一种不起眼的动物叫吸血蝙蝠。它身体极小，却是野马的天敌。这种蝙蝠靠吸动物的血为生，它在攻击野马时，常附在马腿上，用锋利的牙齿极敏捷地刺破野马的腿，然后用尖尖的嘴吸血。无论野马怎么蹦跳、狂奔，都无法驱逐这种蝙蝠。蝙蝠却可以从容地吸附在野马身上、落在野马头上，直到吸饱吸足，才满意地飞去。而野马常常在暴怒、狂奔、流血中无可奈何地死去。

动物学家们在分析这一问题时，一致认为吸血蝙蝠所吸的血量是微不足道的，远不会让野马死去，野马的死亡是它暴怒的习性和狂奔所致。

同学们，看了这个故事，你想对野马说什么：_____

_____。

野马的故事告诉我们学会保持良好的情绪，学会理性、乐观地看待问题是十分重要的。不少同学都有这样的体会，当一个人情绪好的时候待人宽容，面对挑战充满勇气，相反，当一个人情绪不好的时候，整天无精打采，做什么都觉得没有意思。同学们，你知道吗，其实情绪对人体的健康有着很大的影响。早在两千多年前，中医经典《黄帝内经》中就说了："怒伤肝，喜伤心，思伤脾，悲伤肺，恐伤肾"。不良情绪会影响机体的免疫力，导致身心疾病；良好的情绪可以提高机体的免疫力,加速疾病的治愈,使人身心健康。

在这里,送给同学们几个保持良好情绪的小宝典:

(1) 对父母长辈怀有尊敬感恩的心,关爱兄弟姐妹,每天和家人有充足的交流时间;

(2) 信任自己的老师,碰到学习障碍等问题时多和老师沟通,得到老师的帮助;

(3) 主动和自己欣赏的伙伴交朋友,分享知识乐趣,互相帮助,获得珍贵的友谊;

(4) 不对自己过分苛求,把目标和要求定在自己的能力范围内,并努力达到;

(5) 积极参加各种文体活动,在活动中发现自己的潜能,树立自信;

(6) 保持充足的睡眠,每天清晨对自己说"我很快乐",以良好的精神面貌投入学习生活;

(7) 和他人相处时,学会发现别人的优点,多夸赞别人,同时挖掘自己的优点,学会赞美自己;

(8) 相信自己是独一无二的生命个体,很有价值,每一个生命都是美丽的存在。

亲子小练习:

1. 和父母一起阅读《中国学龄儿童膳食指南(2016)》,了解合理的膳食搭配,并请你试着设计家中一周的早餐。

2. 和父母一起互相述说对方的优点,并把爸爸、妈妈和你的优点全部记录下来。

第四讲　我学习保护我自己

一、拒绝性侵害

"性"是创造生命的自然力量。母亲强忍生产的疼痛生育子女，在遭遇难产等危机时，很多妈妈甚至选择放弃自己。在动物界，一些雌性在生产后变得非常好斗，不惜生命保护幼崽。

在我们的身体上，与生殖有关的器官被称为性器官。在前面的章节中，我们知道了爸爸妈妈因为爱而结合，因此有了爸爸的精子和妈妈的卵子的完美结合，这样的结合就发生在妈妈身体内部的性器官里。相对的，我们还有外生殖器，尤其需要加以爱护。

你知道自己的外生殖器吗？对于男孩女孩来说，这些地方都是身体中最私密的部位，不经过你的允许，这些部位不可以被他人（包括最亲密的人）随意触碰。通常，外生殖器是指身体上被背心短裤覆盖的地方。现在，让我们来认识一下男孩女孩被内衣覆盖的部位有哪些器官。

图 4 - 1

图 4 - 2

女孩被内衣覆盖的部位有：乳房、阴部、臀部等。

男孩被内衣覆盖的部位有：睾丸、阴茎、臀部等。

孩子们，请你记住被内衣覆盖的部位是不可以随意被人触碰的，是身体的禁区。父母给予我们美好的生命，我们的身体发肤受之于父母，那我们应该如何保护好自己的身体，让它避免遭受他人的侵害呢？在我国，由于文化的限制，对多数家长来说，和孩子说"性"实在是难以启齿。如果孩子遭遇了性侵害，会给孩子带来生理和心理的创伤，严重者可能影响孩子一生的幸福。因此，为了孩子的健康成长和快乐人生，做父母的应该多一个心眼，多一点防范意识，让孩子免遭性侵害。

那怎样的行为属于性侵害呢？我们一起来了解。

(1) 有人带你到隐蔽地方，让你脱掉衣服裤子；

(2) 有人抚摸你的胸部、下身，或让你摸他的胸部、下身等敏感部位；

(3) 和你谈论敏感部位，或一起看有裸露镜头的电影、视频、照片；

(4) 有人用他身体某部位(生殖器、嘴)接触你的身体任何部位；

(5) 有人在你面前裸露他的下身。

近年来，我国未成年人被性侵案件呈逐年上升趋势。所以，不仅是女孩，男孩也要做自我保护。令人担忧的是，性侵害发生以后，由于一些保守、落后观念的影响，很多人认为这是肮脏的、见不得人的，在这些传统观念的影响之下，很多受到性侵害的青少年选择了沉默。

案例链接：

案例一：

2013 年，安徽六安市居民汤女士发现 7 岁女儿岚岚(化名)内裤有异物并掺杂血迹，汤女士怀疑女儿遭他人侵犯。在连续几天的逼问下，岚岚才说，数学老师王某某不准她告诉任何人。

案例二：

2013 年,12 岁的湖南女孩思思(化名)被同村 74 岁老人性侵并产子,这一消息曾引起媒体及社会各界广泛关注。两年后,已是 14 岁的思思再度被曝怀孕,而在此期间,她还有过一次怀孕堕胎。

想一想：

如果你遇到了令自己困扰的与性有关的事件,你会去告诉谁,以寻求帮助?

同学们,我们需要保护的不只是性器官,还需要保护自己的性心理。这项任务需要自己、家庭、社会的共同努力。因为,遭受性侵害会严重阻碍未成年人的生理和心理健康成长,由于自我保护意识过于薄弱,以至于很多青少年在侵害面前根本不知道如何举起防护的盾牌。如果我们能有足够的防范意识,就能避免许多性侵害事件的发生。下面,我们一起来学习防止性侵害的好方法。

(1) 上学、回家路上和同学结伴而行,不到四周没人的地方去;

(2) 不要轻易接受陌生人或者他人的饮料和食品;

(3) 任何人提出的性接触行为,都必须断然拒绝;

(4) 牢记陌生人或熟人都可能是性侵害的加害人;

(5) 背心短裤覆盖的地方不许别人摸;

(6) 牢记父母电话及报警电话 110;

(7) 只要离开父母,一定要告诉父母去干什么,和谁一起,联系方式等;

(8) 遭遇侵犯的时候,视情况尽可能大声呼救,制造动静,给对方施加心理压力;一旦脱身,及时向警察或者路人求助;

(9) 不要搭乘马路上的便车;

(10) 不随便出入卡拉 OK 厅、宾馆等场所;

(11) 遇到性侵犯的威胁时,要迅速离开,跑向人多的地方;

（12）如果遭到性侵害，不要隐瞒，一定要及时告诉自己的父母或者最信任的人，避免再次受到伤害；

（13）如果希望了解性知识，可以求助于父母，不要上网浏览不健康的网页或看不健康的书籍。

在避免孩子遭受性侵害的事情上，父母和老师必须承担起一定的责任。首先，要让孩子知道平安成长比学习成绩更重要；其次要帮助孩子树立起足够的防范意识，掌握一定的防范方法；最后要鼓励孩子，自己心里有任何的疑虑或是不解，都要及时和父母或老师诉说。

如果孩子真的遭遇了性侵害，父母和老师有义务告诉受害孩子，这不是他（她）的错；努力尊重并保护受害孩子的隐私权，做好保密工作；耐心地了解事实真相，鼓励孩子说出真话，并给予支持和安全感；及时安排孩子去医院检查，并接受心理辅导，保存好受害证据。

希望我们的社会越来越美好，希望每一个孩子，无论男孩女孩，身体和心灵都能在阳光下健康成长，绽放出最美的花朵。

亲子小练习：

1. 告诉父母自己身体上哪些部位是属于自己的隐私，别人是不能随意侵犯的。

2. 和父母一起讨论：如果遇到性侵害，应该怎么做才能最大限度地保护自己。

二、居家安全很重要

盼望许久的暑假终于来临了，可是接踵而来的烦恼是，很多同学的爸爸妈妈都必须去上班，那孩子一个人待在家中需要注意哪些居家安全事项呢？

首先,应该准备一个通讯录,把常用电话号码全部记录下来,便于我们随时拨打电话寻求帮助。例如:

爸爸妈妈的电话:＿＿＿＿＿＿＿＿＿＿＿＿＿＿＿＿＿＿＿＿＿＿。

爷爷奶奶、外公外婆的电话:＿＿＿＿＿＿＿＿＿＿＿＿＿＿＿。

报警电话:＿＿＿＿＿＿＿＿＿＿＿＿＿＿＿＿＿＿＿＿＿＿。

火警电话:＿＿＿＿＿＿＿＿＿＿＿＿＿＿＿＿＿＿＿＿＿＿。

其他重要联系人的电话:＿＿＿＿＿＿＿＿＿＿＿＿＿＿＿。

当发生紧急情况时,如果其他电话都忘记了,没关系,只要记住拨打“110”及时向警察叔叔求救就可以了。孩子们,记住任何情况下尽可能地保持沉着和冷静。我们来看一个真实的案例。

案例链接:

岳阳 24 岁的女孩张佳(化名),清晨突遭持刀入室劫匪,面对突发危急事件,张佳沉着机智地与歹徒周旋。被穷凶极恶的歹徒刺伤脖子后,她强忍剧痛俯卧床上装死。待歹徒制造完自杀现场并纵火烧屋离开后,她不顾血流如注和钻心疼痛,取水灭火并向邻里和亲友求助,最终成功保住了性命,使家财免遭毁于大火。张佳的父亲说:“我为女儿在持刀歹徒面前所表现出的沉着、机智和勇敢行为感到十分骄傲!”

案例中的大姐姐用她的沉着、冷静赢得了生的希望,我们应该为她点赞。在生活中我们也应该像大姐姐那样,沉着、冷静地面对各种事情。

想一想:

如果你一个人在家中,这时有人以父母的同事、朋友的身份请你开门,你应该怎么办呢?

当我们独自一人在家时,切记要把门牢牢地锁好,坚决不让陌生人进来,即使是熟人也必须得到父母的允许才能让他进入。此外，还要特别注意水、电、燃气的使用，以免由于操作不当引起严重的安全事故。

安全用水小贴士：洗澡或清洗物品后及时关闭水龙头。

安全用电小贴士：不要用湿手去触摸电器、开关、插座；不将手或其他物品伸入插座；不在易燃物上给电器充电；不将水杯、饮料放在电器旁边；下雷雨时不使用电器。

安全使用燃气小贴士：独自在家不使用燃气；不玩弄燃气灶阀门、胶管及其他燃气设施；如发现燃气泄漏，立即打开就近的门窗，切记不能在燃气泄漏的房间开关电器、打电话和手机，应赶快离开家，外出求救。

想一想，下面这些行为分别会引起什么后果：

（1）将手机放在床上充电；

（2）把水打翻漏在插座里面；

（3）直接用手去拉拽触电者；

（4）经常玩弄火柴、打火机等物品；

（5）独自在阳台或窗台上玩耍。

在居家生活中，不当的行为可能会引发火灾、坠楼等严重的后果，因此，了解安全知识，并在需要时正确运用是非常有必要的。下面的案例中，小李同学就是在危险来临时灵活运用了安全知识，从而成功避开了灾难。

案例链接：

小李同学家住 13 楼。有一天，他爸爸妈妈正在广州出差，晚上小李一个人不敢去客厅看电视，只好躲在自己的卧室看书，看着看着睡着了。半夜醒来去开卧室门时，发现门把手烫手，小李赶紧缩回手，他知道外面肯定着火了，他立刻将门插好，将门缝用湿布塞紧，马上去打报警电话。但是，电话没有声音，可能线被烧断了。小李打开窗户向外喊，请求帮助，楼下的保安听到后报了警。在等待救援过程中，门缝开始进烟，小李趴在地下，用湿毛巾捂住口鼻。五分钟后，消防队员赶到救了小李。

仔细阅读这个案例，和小伙伴讨论一下小李同学成功脱险的原因是什么：

_____

_____。

认真分析之后，原来小李同学成功脱险主要归功于以下几个做法：

（1）门烫手时没有轻易打开，而是关紧门，为防止热浪将门冲开，又将门插上；

（2）用湿布将门缝堵住，防止进烟；

（3）打开窗户向外求救；

（4）当室内进烟时，趴在地上并用湿毛巾捂住口鼻。

同学们，当危险来临时，保持沉着、冷静，灵活应用安全知识是守卫生命安全的一大法宝。希望你们用好这个法宝，守护自己的生命安全。祝福所有的孩子们！

亲子小练习：

1. 和父母一起情景模拟练习：孩子独自一人在家时，有人敲门应如何应对；不小心把水倒翻在插座里，应该怎么处理；乘坐电梯时电梯发生故障怎么办？

2. 和父母一起找一找家中的安全隐患，并讨论改进的方法。

3. 制作一本便于随身携带的通讯录，养成外出携带通讯录的习惯。

三、校园安全我能行

每天清晨，同学们背着书包开心地前往学校开启一天的学习生活。在校园里,同学们快乐地学习,从丰富多彩的课程中汲取知识,强壮体魄,获得艺术的熏陶,养成良好的习惯。可是在校园中,如果没有很好地遵守行为规范的要求,也是很容易发生伤害事故的。

在校园生活中,最容易发生的伤害事故主要有三种类型:

1. **拥挤伤害。**这种伤害主要发生于教室门口、楼道等狭窄的地方。放学、课间同学们大量聚集到教室门口、楼道,加上年龄小,安全意识差,很容易造成挤压、踩踏等事故。在拥挤的状态下,一旦有一名学生失足跌倒,就极有可能造成严重的人身伤害,甚至危及学生生命。

案例链接:

2010 年 3 月 22 日 9 时 35 分,在某小学存放清雪设备的工具房小院内,三、四、五年级的学生领完清雪工具通过院内一条长约 50 米、宽约 1.5 米的狭长巷道时,三年级学生小孙摔倒后被身后的同学拥堵踩压,随后立即被老师送往医院实施抢救,于当日 22 时宣告抢救无效死亡。踩踏事件还造成一名学生膝关节脱位伤,两名学生软组织挫伤。

案例中因为拥挤造成多个学生受伤、一个女孩生命的凋零是多么令人痛心啊!因此,同学们切记在进出教室门口或上下楼梯时必须互相礼让,宁可慢一点,不要争先恐后,以免造成严重的后果。平时,在学校上下楼梯时必须注意以下几点:

(1)上下楼梯靠右行走;

(2)和同学保持一定的距离;

(3)在人多拥挤的时候可以扶好栏杆;

(4)如前面有同学摔倒,可以大声告诉后面的同学"前面有人摔倒了,请立即停下来",同时必须等摔倒的同学起身后再走。

2. **追逐伤害。**小学生精力旺盛,好运动,特别是有些同学常会为一些小事追逐打闹。2015年广东省的一组数据显示：从2010年至2015年，发生在广东校园里的刑事案件有5 000多宗，根据法院的调研，校园意外伤害的高发区是同学之间，其中约有60％来自孩子们课间的追逐、打闹，例如扔铅笔戳伤眼睛、追逐摔伤等。

想一想：

为什么在校园里追逐打闹是非常危险的？

（1）在追逐过程中，跑在前面的同学常常会不由自主地回头看，因此忽视了前方或脚下的危险；

（2）有的同学追逐过程中手中拿有铅笔等尖锐物品，如不慎摔倒或刺到其他同学，后果非常严重；

（3）追逐过程中由于速度快、步伐急，容易伤及周边其他同学。

3. 运动、游戏伤害。体育课、课间十分钟是学生运动、游戏的主要时间段，许多校园伤害事故就在这个时间悄悄发生了。究其原因，一是运动、游戏本身隐含了一定的危险因素，二是运动、游戏时同学们容易忽视行为规范，不遵守纪律、不注意自我保护，忽视安全，活动随意。运动、游戏伤害轻微的如擦伤、拉伤，扭伤等，严重的会造成骨折、脑震荡，甚至还会造成终身残疾甚至死亡。

下面几位同学在运动、游戏时的行为正确吗？请你为这些同学提一提建议。

（1）上体育课时，小明在衣服口袋里偷偷放了一支新买的彩色笔，准备趁老师不注意时拿出来研究一下彩色笔的使用方法。

（2）小伟是近视眼，可是每次做前滚翻时他都不想摘下眼镜。

（3）小丽觉得穿皮鞋很漂亮，所以上体育课了也不肯换成运动鞋。

（4）小强说体育课上打篮球真好玩，每次上课老师都要大家做几分钟的准备活动，那是浪费时间，老师应该一上课就让大家练习打篮球。

（5）小刚喜欢在跑步时和同伴互相推拉，追逐打闹。

（6）课间休息时，小胖喜欢把脚伸在教室的走道里，以把同学绊倒为乐趣。

（7）小林把尖尖的游戏棒带到学校，下课时和同学一起玩。

避免校园安全事故，要求同学们行为举止规范，对自己的言行要学会自律。战国时期伟大的思想家、教育家孟子曾说：不以规矩，不能成方圆。每位同学如果都能注意自己在校园生活中的一举一动，一言一行，就一定能以自己的小文明，创造校园环境的大文明。

请你和小伙伴一起归纳几条校园安全的注意事项：

_____

_____。

同学们，在校园生活中我们还必须营造互助、友爱的校园环境，同学们的心灵才能得到健康的成长，才能构建真正的安全校园。

同学们，你知道吗，很多人在校园生活中所遭受的创伤让他数十年都难以愈合。在相关机构调查时，受访者对小学时代遭受的心理创伤记忆犹新。"我小学时数学学习成绩很不好，总是被同学孤立，还有的同学说我是笨蛋。""我三年级时从外地转学到新的学校学习，因为口音被同学们嘲笑，他们经常模仿我说话，还哈哈大笑。""我的同桌总是威吓我，如果不把好看的文具送给他，他就联合班级同学一起不理我。"……

同学们，这样的情景可能在你身边也发生过，或者你也曾经为此烦恼。如果真的碰到了这些问题，请及时告诉父母和老师，他们一定会帮助你的。

希望每位同学都能真正做一名校园安全小卫士，从自身做起，努力做到：

(1) 不欺负比自己弱小的同学；

(2) 不和同学打架；

(3) 不嘲笑同学，不给同学起外号；

(4) 不强行问同学借钱借物；

(5) 不和其他同学一起孤立班级里某个同学。

打造安全文明的校园是每位同学和老师共同的责任，希望我们的校园永远温馨，永远美丽，永远是孩子们幸福成长的乐园。

亲子小练习：

1. 和父母一起创作一首《校园安全童谣》。

2. 请你和父母一起设计一个适合在课间开展的游戏项目，设计的同时记得考量一下安全系数哦。

四、公共场所安全须牢记

同学们，双休日、节假日我们经常会和爸爸妈妈一起去公园玩耍、去电影院看电影、去图书馆看书、去超市购物、去风景区观光……这些活动可都是同学们最期盼的。可是，即使有父母的陪伴，在活动中我们也要牢记公共场所的安全事项，时刻做一名安全小卫士。

公共场所由于人多、环境复杂，所以无论是商场、超市还是公园都会设置许多安全标志，如果你能读懂安全标志的意思，那么你就能很好地保护自己并能提醒家人呢。下面这几个安全标志你在哪里看见过呢？想一想，它们分别代表什么含义？

图 4 - 3

安全标志是用来表达特定安全信息的标志,由图形符号、安全色、几何形状(边框)或文字构成。安全标志能警示工作场所或周围环境的危险状况,能够提醒人们预防危险,或者指示人们采取正确、有效、得力的措施,对危害加以遏制。

同学们,当我们看到红色和黄色的安全标志时要格外当心,因为红色的一般是禁止标志,它的作用是禁止人们做哪些行为;黄色的一般是警告标志,它的作用是警告人们可能发生的危险。

细心观察一下,在我们身边有许许多多的安全标志,请你尝试绘画一个在公共场所看到的安全标志,并说说你画下来的标志代表什么意思。

画一画:

同学们,在公共场所你有没有遭遇过以下几个情境:

(1) 在马路上,陌生人请你帮他们带路,或者请你送他们回家;

(2) 在地铁里,陌生人向你借手机打电话;

(3) 在商场门口陌生人向你发放宣传单,免费请你去体验他们的英语学习课程;

(4) 在公交车站,陌生人说自己的钱包掉了向你借钱;

(5) 在马路上,陌生人请你乘坐他的车;

(6) 在公园里,陌生人请你吃好吃的东西,并请你去他车上玩好玩的玩具。

以上情境如果你碰到过的话,你是怎么做的呢? 据公安部儿童失踪信息紧急发布平台(也称"团圆"系统)提供的数据,2016 年 5 月 15 日至 2017 年 5 月 15 日,该平台共发布 1 317 名儿童失踪信息,找回 1 274 名,找回率96.74%。未找回的 43 人,还在继续寻找中。可以说,几乎每天都有儿童走失事件发生。在走失的儿童中,其中一部分就是被陌生人拐骗的,所以在公共场所面对陌生人时必须要有足够的防范意识,牢记:坚决不跟陌生人走;不吃陌生人的东西;不要陌生人的礼物;如有陌生人纠缠立即找警察或工作人员求助。

想一想:

小明和爸爸妈妈一起去公园游玩,可是小明被公园里的钓金鱼游戏给吸引住了,等他回过神来,已经找不到爸爸妈妈了。请你想一想,小明这时应该怎么办?

很多同学都经历过在公共场所走失的"惊魂一幕",下面告诉大家几个公共场所走失后紧急处置小锦囊:

(1) 如果和家人一起外出的,可站在原地不动等待家长寻找;

(2) 如携带手机,及时用手机和家长取得联系,并讲清自己所在的位置;

(3) 可以向公共场所的服务员、警察等工作人员求助,告知父母的联系方

式;如果没有工作人员,尽量向带着孩子的阿姨叔叔求助,这样的人安全系数会更高;

（4）切记一定要保持镇静,不要大哭,避免引起坏人的注意;

（5）外出时记得背一个小背包,背包里放一本记录家人联系方式的通讯录,同时放一些零钱备用,如条件允许可以带一个手机便于联系;

（6）每次前往超市、商场等人多的场所,可以和同行的家人或伙伴寻找超市、商场里一个比较醒目的柜台或出入口,并约定好万一走失了立即前往这个地方会合。

在生活中,我们不断提高自我保护意识,掌握自我保护、预防事故的方法,对我们的健康成长有着极其重要的意义。

亲子小练习：

和父母一起情景模拟练习：在公共场所走失了应该如何应对？碰到陌生人和你搭讪应该如何应对？

五、交通安全我知道

外出时,我们会步行或者乘坐合适的交通工具,常见的交通工具一般有小汽车、公共汽车、地铁等。

和小伙伴交流一下,外出时经常乘坐的交通工具有：

_____。

同学们,想要确保交通安全,必须做一个遵法守法的小公民。现在,马路上最火的交通工具大概要算是共享单车了,共享单车不仅解决了众多上班族"最后一公里"的难题,同时也成为了很多小学生跃跃欲试的新鲜事物。共享单车从诞生至今,已经发生了多起骑行共享单车造成的安全事故。下面我们来看一个真实的案例。

案例链接：

据报道，2017年3月26日，上海市发生了一起令人痛心的交通事故，一位骑共享单车的四年级男孩在路口被大客车碾压后身亡。这是发生在上海的首例不满12岁未成年人使用共享单车致死案例。

想一想：小学生可以在道路上骑行共享单车吗？为什么？

_____。

2017年修订的《中华人民共和国道路交通安全法实施条例》第七十二条明确规定：驾驶自行车、三轮车必须年满12周岁。根据数据显示，2016年仅仅在上海涉及不满12周岁未成年人的非机动车交通事故就高达245起，造成85人受伤、1人死亡。因此，对于孩子和家长来说，了解和学习交通法规，严格遵守交通法规都是非常必要的。

下面，让我们一起来认识一些常用的交通标志吧。

人行横道标志　　　　非机动车道标志　　　　机动车道标志

注意信号灯标志　　　　注意危险标志

图 4 - 4

道路交通标志是用文字和图形符号对车辆、行人传递指示、指路、警告、禁令等信号的标志。道路上的交通标志既简洁又醒目,它告诉我们道路的方向、路名,告诉我们哪儿可以开车,哪儿可以过马路等,所以在走路、乘坐交通工具时我们可要格外注意交通标志哦。

想一想:

同学们,请你们看一看下面这些同学的行为有什么问题吗? 请你告诉他们应该怎么做。

1. 小明过马路时,看到交通信号灯已经闪黄灯了,他赶紧冲过马路。

2. 妈妈开车带小红去公园玩,上车后妈妈提醒小红系好安全带,可是小红觉得太麻烦不愿意系安全带。

3. 小林和几个要好的同学一起放学回家,他们边走边玩,高声喧哗,甚至还在马路上追逐。

4. 小李坐在公交车上,看到车窗外好多蝴蝶在飞舞,他赶紧把手伸出窗外抓蝴蝶。

5. 小刚乘坐公交车,觉得车上的救生锤很好玩,悄悄把它带回了家。

和伙伴讨论一下,生活中还有哪些行为是不利于交通安全的呢?

_____

_____。

平时,我们乘坐交通工具时应该牢记基本的安全事项,下面我们一起来学习乘坐小汽车、公交车、地铁时的安全须知。

1. 乘坐家用小汽车或出租车时,一定要系好安全带;必须在非机动车道一侧上下车;上下车前应先观察车辆右后方,确定没有行人或车辆,然后再把车门打开。

2. 乘公共汽车时,看见来车,要与之保持一定的距离,不要追车、扒车。待车停稳后,按秩序先下后上。要坐稳扶好,有安全带的要系好安全带;乘车时不要相互嬉闹;没有座位时,要双脚自然分开,侧向站立并握紧扶手,以免车辆急速开动、紧急刹车时摔倒受伤;不要把头、手、胳膊伸出窗外,以免被对面来车或路边的树木等刮伤;不要随意向车窗外投掷物品,以免击伤他人。

3. 在地铁站候车时,不要超越黄色安全线,等列车完全停稳、屏蔽门和车门完全开启后再有序上车;上下车时,要注意列车和站台之间的空隙,防止踏空、绊倒;任何情况下都不得跳下站台,进入轨道区域。

4. 乘坐任何交通工具时,都不要随意按动交通工具上的各种按钮、电器设备等,不要在非紧急状态下擅自操作有紧急标志的按钮、开关装置;不要损坏或擅自移动公共交通设施。

亲子小练习:

1. 和爸爸妈妈一起认识更多的交通标志。

2. 和爸爸妈妈外出时注意观察身边的人有没有违反交通安全的行为,想一想他们这种行为有什么危害。

六、网络安全记心中

同学们,在平时的学习生活中,电脑一定是你的好帮手吧。我们可以在wps中制作电脑小报,在画图软件中绘画图形,电脑还有一个非常非常强大的功能,那就是帮助我们上网查找信息,自主学习。

和你的小伙伴交流一下,你们最喜欢电脑的什么功能:

(1)查找各种信息;

（2）收发邮件；

（3）打游戏；

（4）上网聊天；

（5）用电脑绘画；

（6）在电脑中制作小报、写作文；

（7）和远方的亲人视频聊天；

（8）上网购买自己喜欢的书籍。

正确合理地使用电脑进行学习和娱乐，不仅能开阔我们的视野，还能让我们的学习事半功倍，收获许多的快乐。下面我们来看一个兰州女孩真实的故事。

石天慧是一名弃婴，因为先天残疾被不少学校拒绝接收。为了不耽误学习，收养她的家人给她买了一台电脑，并教会她上网。小天慧每天都要在叔叔的指导下上一会儿网，看一下电子信箱，给朋友回信，然后再跟网友们聊一会儿天。虽然她身体有残疾，但打字速度却比普通人要快。记者采访时，她一字一顿地告诉记者，虽然现实生活中朋友不是很多，但从网上她交了各地的很多小朋友，并且也学到了很多在课本上学不到的知识，这让她感到十分快乐。

石天慧克服自身残疾，在家长的指导下借助互联网学习知识，结交朋友，不断进步，她的精神值得我们学习。可是你知道吗？看似美丽的互联网上还有着许许多多的诱惑和陷阱，稍有不慎也会引发许多网络安全事件。

想一想：

下面，我们再看几个真实的使用互联网而引发的安全事件：

1. 天津一位13岁的少年竟然模仿网络游戏中的飞天情节，从一幢24层高楼的顶楼跳下。

2. 美国青年托比·斯迪尤德贝克带着他的"网恋女友"——年仅12岁的

英国女孩谢沃恩·彭宁顿一起出走。

3. 上海 13 岁女孩小卞偷用家长手机,并通过某 APP 购买了大量虚拟货币打赏给一位网络男主播,被发现时小卞已经用掉了 25 万元母亲的血汗钱。

和小伙伴讨论一下,上面三起事件中的孩子为什么会做出让我们觉得不可思议的事情呢,问题到底出在哪里呢?

_____

_____。

案例分析:

小叮当的爸爸妈妈工作很忙,小叮当经常一个人待在家中,因此迷上了网络聊天。在网络上,他认识了好几个网友。有一天,网友芳芳问小叮当家住在哪里,并且提出到小叮当家里跟他见面。同学们,请你帮小叮当想一想,小叮当可以答应网友芳芳的要求吗? 小叮当应该怎么做才是正确的?

互联网是一个虚拟世界,由于人们多是以不真实的身份上网聊天、交友,即使是成年人都很难做出判断,所以上网不慎很容易交上不良网友,以至上当受骗。因此,小学生上网必须遵守以下几个原则:

(1) 必须在家长或老师的监督、指导下上网;

(2) 严格控制每天的上网时间;

(3) 明确每次上网的目的,如查找学习资料、发邮件、看新闻等;

(4) 不要与陌生人在网上聊天,更不要与网友约见;

(5) 不要把自己在网络上使用的密码以及家庭成员的信息告诉网友;

(6) 不浏览不健康的网站,不沉迷网络游戏;

(7) 在使用网络的过程中碰到任何自己觉得疑惑的事情,请及时告诉家长,他们会帮助你处理的。

为了增强青少年网络道德意识,共同建设网络文明,增强青少年自觉抵御网上不良信息的意识,团中央、教育部、文化部、国务院新闻办、全国青联、全国学联、全国少工委、中国青少年网络协会早在 2001 年 11 月 22 日就向社会发布了《中华人民共和国全国青少年网络文明公约》,大家一起来读一读吧。

全国青少年网络文明公约

要善于网上学习　不浏览不良信息

要诚实友好交流　不侮辱欺诈他人

要增强自护意识　不随意约会网友

要维护网络安全　不破坏网络秩序

要有益身心健康　不沉溺虚拟时空

亲子小练习:

和爸爸妈妈一起讨论一下:使用网络必须注意哪些安全事项呢?

第五讲　我拥有无穷的力量，我能……

一、我与大自然和谐相处

我们每天都生活在大自然的怀抱里，享受大自然带给我们的阳光雨露。美丽的大自然带给我们无穷的精神享受，这是多么幸福的生活啊！花开花谢，云卷云舒，潮起潮落，春去秋来，大自然以最独特的手法，滋养着万物的生长，以最宽广的胸怀，包容着万物的变幻。

古希腊哲学家亚里士多德曾经说过：大自然的每一个领域都是美妙绝伦的。宋代诗人张道洽在《岭梅》一诗中写道"到处皆诗境，随时有物华"，赞美了大自然中处处都有美景，处处令人沉醉。同学们，在我们学习过的古诗词中有许多赞美大自然的诗句，你能写上两句吗？

_____

_____

大自然的美，在于每一滴水、每一棵树、每一朵花、每一株小草、每一块石头和每一个生命。

目前，科学家已经鉴别出 46 900 多种脊椎动物。包括鲤鱼、黄鱼等鱼类动物，蛇、蜥蜴等爬行类动物，青蛙、娃娃鱼等两栖类动物，还有大家熟悉的鸟类和哺乳类动物。

科学家们还发现了大约 130 万种无脊椎动物。这些动物中多数是昆虫，另外，像鼻涕虫、海绵等动物也都属于无脊椎动物。

植物也是生命的主要形态之一，主要包括裸子植物、被子植物、苔藓植物、蕨类植物，据估计现存大约有 350 000 个物种。

自然界的微生物也有几万种呢,科学家将它们分为细菌、病毒、真菌、放线菌、立克次体、支原体、衣原体、螺旋体8大类。

在自然界中,由动物、植物和微生物形成相互依存的食物链,维系着物种间天然的数量平衡。

美国科学家曾经做过一个名为生物圈2号(Biosphere 2)的实验。他们把地球称为生物圈1号,把在美国亚利桑那州模仿大自然的生态与环境建造的一座大型封闭的人工生态循环系统称为生物圈2号。在1991至1993年的实验中,研究人员发现:生物圈2号的氧气与二氧化碳的大气组成比例,无法自行达到平衡;生物圈2号内的水泥建筑物影响到正常的碳循环;多数动植物无法正常生长或生殖,其灭绝的速度比预期的还要快。所以经广泛讨论,确认"生物圈2号"实验失败。

想一想:

同学们,和小伙伴一起找一找有关"生物圈2号"实验的资料,你会从中得到许多启示。

"生物圈2号"中科学家投放了哪些动物、植物和微生物?

_____

_____

"生物圈2号"中科学家模拟了哪些地球上的自然环境,例如风、雨等?

_____

_____

想一想,"生物圈2号"中科学家已经尽最大的可能去模仿地球的生态环境,但是实验为什么还是失败了?

_____

_____

"生物圈 2 号"实验的失败证明了在已知的科学技术条件下,人类离开了地球将难以永续生存。同时也证明了人类无法复制大自然的生态系统。我们人类之所以能在地球上生存、繁衍,依赖于自然界中的氧气、水、温度等无机环境,同时也依赖于有机环境——生命物质系统,也就是地球上多种多样的生物。人类和所有生物一样都是大自然的孩子,所以我们必须和大自然中的所有生物同呼吸共命运,与大自然和谐相处。

可是,在现实生活中由于人类活动的不断扩张,大自然的生存环境正在遭受不断地破坏。我们来看三个事例:

1. 自然物种灭绝加速:在 2016 世界自然保护大会上,世界自然保护联盟发布了新版的《世界自然保护联盟濒危物种红色名录》。这份报告显示,红色名录收录的 82 954 个物种中,有 23 928 个正遭受灭绝的威胁,占 28.9%。其中全球仅存六种大型类人猿中的四种都已被列入"极度濒危"物种,距离灭绝仅一步之遥,而捕猎是大猩猩消失的最大原因。

2. 地球迈向"塑料星球":据马来西亚《星洲日报》报道,美国研究员透露,人类自 20 世纪 50 年代以来已经生产逾 91 亿吨塑料,大多数都被丢到垃圾填埋地或是海里,仅 9% 被拿来再循环使用。91 亿吨相当于 10 亿头大象,或 2.5 万幢纽约帝国大厦的重量。美国科学促进会期刊的一份"全球大量生产塑料的全球分析"的报告指出,以现有使用塑料的情况来看,到了 2050 年,丢弃在垃圾填埋地和环境中的废弃塑料将超过 130 亿吨。此外,美国国家海洋暨大气总署的海洋残骸计划总监华莱士指出,丢弃在水中的塑料垃圾已危害到逾 600 种海洋生物,造成鲸鱼、海龟、海豚、鱼和海鸟伤害或死亡。

3. 自然环境问题:2018 年,世界卫生组织在波兰召开的联合国气候变化大会上发布了一份报告,呼吁世界各国对全球气候变暖问题采取相应对策。报告称,使用化石燃料造成的大气污染,会引起哮喘、肺癌、中风等症状,全世界每年有 700 万人因此而丧命。若是为了解决全球气候变暖问题而减少化石燃料的使用,不仅可以改善大气污染问题,而且还能够拯救许多人的性命。世界卫生组织还在报告中提出,除了化石燃料以外,还希望各国可以减少《巴黎协定》中所述的引起大气污染的成分。

同学们,看了上面三个事例,你是否对大自然生态环境的恶化有了很大的担忧?随着社会经济的快速发展,人类对大自然资源的掠夺日益加剧,人类的行为正在不断破坏着大自然的生态平衡。

希望每一位同学都能从我做起,用自己的行动热爱大自然,保护地球不受伤害。保护地球,保护美丽的大自然,就是保护我们人类的未来。你说对吗?

在这里,为同学们提供几个环保小贴士,希望大家不断地补充:

(1)尽量使用环保袋,如必须使用塑料袋尽可能循环使用;

(2)随手关闭水龙头,爱惜每一滴水;

(3)不用一次性筷子,少用餐巾纸,尽量使用手帕;

(4)外出吃饭不剩饭菜。

同学们,大自然是人类的生命之源,亲近大自然,本来就是人的天性。多多亲近大自然,你会发现大自然是人类身体健康和精神快乐的重要力量源泉。

瑞士音乐公司旗下的一个著名音乐团体"班得瑞"每到执行音乐制作时,从头到尾都深居在阿尔卑斯山林中,坚持不掺杂丝毫的人工混音。置身在山野中,让班得瑞拥有源源不绝的创作灵感,每一声虫声、鸟鸣、花落流水,都是深入山林、湖泊,走访瑞士的阿尔卑斯山、罗春湖畔、玫瑰峰山麓、少女峰等处的实地纪录。

小约翰·施特劳斯的《蓝色多瑙河》、贝多芬的《暴风雨奏鸣曲》等优美的乐曲,《青藏高原》《萤火虫》等动听的歌曲,梵高的《向日葵》、齐白石的《虾》等精美的画作,都是受到大自然启示之后艺术家们留下的惊世之作。

因此，热爱大自然就请走进大自然，在大自然的怀抱中感受美、欣赏美、享受美，相信你会获得许多美的启迪。

其次，在大自然广阔的天地里，我们还能学习许多关于自然的知识。在这个过程中，如果我们能把自己看到的、听到的、感受到的记录下来，那也是一件非常美妙的事情。

有这样一位来自农村的老奶奶，她叫秦秀英。2011 年，65 岁的她跟着儿媳学习做自然笔记。她把她的老家、她的庄稼、她喜欢的动植物用自然笔记的方式记录了下来。这些图文并茂的笔记，最终集结成了一本书，这本书的名字叫《胡麻的天空》。这是一位多么热爱大自然、多么了不起的老奶奶啊！

孩子们，带上笔和纸，走进大自然，用手将眼中所看到的记录下来，这就是自然笔记。记录大自然的方法还有很多，例如：用照相机拍照、制作植物标本……如果你也喜欢，那就请你记录下你眼中美丽的大自然吧。

热爱大自然，我们还可以观察大自然的春、夏、秋、冬、风、雪、雷、雨等自然现象，动植物的生长规律，以获得丰富的科学知识；我们还可以参加植树、护鸟等公益活动，为地球添上一份绿色；我们还可以在农田、果园里体验播种、采摘的乐趣，体会一瓜一豆的来之不易；我们还可以在草原上骑马，溪水里漂流，溶洞里探秘……尽情享受大自然带来的乐趣。

孩子们，多亲近自然吧，你的心灵将在广阔的大自然里自由飞翔！

亲子小练习：

1. 上网搜索一下《世界自然保护联盟濒危物种红色名录》，看看哪些物种正在遭受可能灭绝的厄运。

2. 上网搜索一下秦秀英奶奶的自然笔记，和爸爸妈妈一起学一学怎么做自然笔记。

二、我与人友好相处

我们每个人都是独一无二的生命个体,都能为社会的进步发展做出自己的贡献。有的同学可能会说,我这么小,可以为社会做什么贡献呢? 没关系,我们可以用自己的诚信、友善为构建温馨和谐的社会环境贡献自己的力量。在生活中,如果你能做到诚信、友善,那你就已经是一个很了不起的孩子了。

孔子曾经说过:人而无信,不知其可也。意思是说一个人如果不讲信用,那么就没什么可肯定的了。诚实守信,自古以来就被人们认为是一种最受重视和最值得珍视的品德。

曾子是战国时期的一位重要思想家。一天,他的夫人准备到集市上去,曾子的儿子哭闹着要跟着去。曾子夫人对儿子说:"你回去,等我回来杀猪给你吃。"等曾子夫人一从集市上回来,曾子就马上要去杀猪。他的夫人阻止他说:"我不过是和孩子开玩笑罢了,你居然信以为真了。"曾子说:"小孩是不能和他开玩笑的啊! 小孩子没有思考和判断能力,等待父母去教他,听从父母的教导。现在你欺骗孩子,就是在教他欺骗别人。母亲欺骗了孩子,孩子就不会相信他的母亲,这不是教育孩子成为正人君子的方法。"于是曾子就杀猪煮肉给孩子吃。

从曾子杀猪的故事中,我们可以看出诚信的重要性。一个人、一个团体、一个国家都是一样的,拥有诚信就能得到他人的尊重和社会的认同。

作为一个小学生,我们应该如何培养自己的诚信的品德呢? 下面给同学们几个建议:

(1)学习知识时,知之为知之,不知为不知;

(2)努力做好每一件小事,例如:问别人借物品及时归还、捡到东西及时归还失主等;

（3）答应别人的事情努力做到，如果不能做到，应该及时告诉别人原因；

（4）考试凭借自己的能力，不偷看答案；

（5）不说谎话，犯错时勇敢承认自己的错误；

（6）按时完成作业，做一个守时的人。

如果说诚信是对一个人品德的塑造，那么友善就是一种值得倡导的与人交往的态度。友善这个词语的意思就是指人与人之间的亲近和睦。善良的人让人觉得非常容易接近，具有很强的亲和力。法国著名作家雨果在他的长篇小说《笑面人》中曾经写道："善良的心就是太阳"。法国杰出的思想家、文学家罗曼·罗兰也曾经说过："谁要是在世界上遇到过一次友爱的心，体会过肝胆相照的境界，谁就是尝到了天上人间的快乐。"一颗善良的心可以像太阳那样照射出万丈光芒，温暖身边人的心灵，可以让人仿佛置身天上人间。同学们，请你想一想友善的力量是多么强大，多么温暖。

请你和小伙伴一起回忆一下，身边哪些人让你感觉非常友善，这些友善的人是否帮助过你，请你记录下来。

_____

_____。

请同学们想一想，生活中我们经常和哪些人一起相处，在相处的过程中应该如何友善的对待他人呢？

一般来说，经常和同学们相处的人主要是父母、爷爷奶奶等亲人以及老师和同学。和大人相比，同学们平时与人接触的范围还是比较狭窄的，那应该怎样和他人友好相处呢？

中华民族自古就有孝亲敬老的传统美德。相传在春秋时期，孔子最有名的弟子子路，小的时候，由于父母体弱多病，家里很穷。有一次，父母想吃米饭，可家里一粒米也没有，怎么办？于是，小小的子路翻山越岭，走了十几里的山路，从亲戚家里背回了一小袋米。随着社会的进步，家庭的生活条件都已经得到了很大的提高,可是无论经济多么发达,社会多么进步,孝亲敬老的美德都不能忘记。

赠人玫瑰,手有余香。当你付出了友善,相信你也会得到许多快乐。在和家人的相处中,我们只要给予家人一点关心、一点爱意,就会令家人感到无比的快乐。下面给同学们一些和家人和睦相处的小贴士:

(1)尊敬长辈,经常打电话问候爷爷奶奶、外公外婆;

(2)孝敬父母,为父母做一些力所能及的事。例如:承担扫地等小家务,记住父母的生日并能问候;

(3)多体谅父母工作的辛苦,认真学习,管理好自己,不要让父母操太多心;

(4)兄弟姐妹之间互相尊重、互相爱护。如果在家里是做哥哥或姐姐的,要给弟弟、妹妹做出好的榜样。

相信每位同学都有和家人和睦相处的小妙招,希望你可以把自己的好方法分享给身边的同学。

早在几千年前,中华民族的先贤们就已经有了很高的道德水平。在我们的成长过程中,通过不断地阅读书籍,可以和古代的先贤们进行一场场穿越时空的对话和心灵的交流,并以此获得自身道德修养的不断提高。战国时期伟大的思想家孟子曾经说过:"老吾老以及人之老,幼吾幼以及人之幼。"这句话的意思是说在赡养孝敬自己的长辈时,不应忘记其他没有亲缘关系的老人。在抚养教育自己的小孩时,不应忘记其他没有血缘关系的小孩。在孟子看来,所有的老人和孩子都像自己的家人一样,他的心胸是多么的宽广啊。如果同学们在学校和老师、同学相处的时候,能够把老师、同学都当成是自己的家人,相信在学校这个大家庭里大家一定能够友好相处、其乐融融,处处盛开友善之花。

下面,我们一起来读一个故事,故事的题目叫做《信》。

蟾蜍坐在他的沼泽地上等信,可从来没有一个人给他写过一封信,因此他感到很伤心。好朋友青蛙挨着他坐下,也跟他伤心。忽然,青蛙蹦起来,说:"你等我一会儿。"他迅速跑回家,写了一封信,然后跑出屋子,对过路的蜗牛说:"请把这封信给蟾蜍送去,放在他的信箱里。""没问题。"蜗牛说。接着,青蛙跑回家,但蟾蜍已经上床睡觉了。青蛙对蟾蜍说:"快起来,我们再去等一会儿,可能今天有人给你寄信了。"可是蟾蜍不相信,青蛙一个劲儿往窗外看,蜗牛一直没有来,蟾蜍问:"青蛙,你为什么老往窗外看? 不会有邮件来的。""会来的,因为我给你寄了一封信。""你寄来一封信?"蟾蜍问,"信里写了什么?"青蛙说:"我写道:'亲爱的蟾蜍,我很高兴,你是我最好的朋友,你最好的朋友青蛙。'""哦——"蟾蜍说,"那是一封极好的信。"接着青蛙和蟾蜍来到沼泽前等邮件。他们坐在那里,都感到很快活。

四天后,蜗牛才来到蟾蜍的家门口,捎来了青蛙的信。蟾蜍高兴极了。

同学们,读了这个故事,你一定被青蛙和蟾蜍的友谊所感动,也一定知道了友善的人就是像故事中的青蛙那样,愿意给予别人快乐、理解别人。相信每位同学在和老师、同学友好相处时也都会有自己的小妙招,请分享给大家并记录下来。

同学们,诚信和友善都需要个人的坚守和践行。希望你能时时播种诚信和友善的种子,相信你一定能收获一个美好的世界。

亲子小练习:

1. 在中国历史上,流传着许多诚信故事,例如:"得黄金百斤,不如季布一诺""商鞅立木取信"等脍炙人口的故事。请你和爸爸妈妈一起读一读,感受诚信这一美好的品德。

2. 和爸爸妈妈一起学唱《友善歌》。

友善歌

——社会主义核心价值观组歌

友善是阳光给人温暖

友善是鲜花给人香甜

友善是甘泉给人滋润

友善是笑容给人春天

友善是雨中的伞

友善是雪中的炭

友善就是做好人

一代一代往下传

三、我能让世界变得更美好

"我们也许没有办法做巨大宏伟的事情,可是,我们可以带着伟大的爱,去做每一件小的事情。"当12岁的克雷格·柯柏格遇到特蕾莎修女时,得到了这样的鼓励和启发。在这里,我想每个孩子都应该读一读这句话,因为作为独一无二的生命个体,我们带着责任来到这个世界上,并且能为世界变得更美好贡献自己的力量。

《三字经》中有"融四岁,能让梨",讲的就是东汉末年文学家孔融小时候曾把大个的梨礼让给哥哥吃的故事。

东汉末年曹冲不仅天资聪明,留下了"曹冲称象"的经典故事,而且曹冲经常利用他的智慧和地位来办一些救人性命的大事。据史书记载:"时军国多事,用刑严重……凡应罪戮,而为冲微所辨理,赖以济宥者,前后数十。"意思就是：当时本应犯罪被杀的却被曹冲暗中分辩事理而得到帮助宽宥的人，前后有几十个。曹冲就是这样一位宅心仁厚的神童。

1998 年，当年仅 6 岁的赖安·黑尔加科了解到非洲儿童为了取水，每天需要步行数公里时，他感到非常震惊。于是赖安下定决心，要为非洲的一个村子修建一口井。赖安通过做家务和公开演讲有关清洁水的问题筹集资金。1999 年，他在乌干达北部的一个小村庄修建了第一口井。赖安的决定促使赖安井基金会诞生，该基金会已经在 16 个国家完成 667 个项目，为超过 71.4 万人带来清洁水。

从古至今，每个时代都涌现出了许多尝试改变世界的孩子，他们用自己的爱心、热心、恒心努力去做自己认为有意义的事情，为这个世界带来了许多的温暖和美好。

作为一个小学生，我们可能做不了惊天动地的事情，但是可以尝试着从身边的小事做起，为改变世界贡献自己的一份力量。

想让世界变得更美好，我们可以积极参加志愿服务、践行公益行动，例如：在社区捡拾垃圾、保护绿化、为贫困山区的孩子捐出图书等。从小事做起，将自己的爱心进行传递。你知道吗？在 2008 年北京奥运会、2010 年上海世博会之后，除了精彩的赛事及展览，留给世界各地人民印象最深的就是奥运会和世博会的志愿者们，因为志愿者们用自己的志愿服务宣传了一个民族和国家，宣传了和平、友谊、互助的精神，为奥运会和世博会添上了非常亮丽的一笔。志愿服务、公益行动对改善社会，促进社会进步有着特殊的意义，如果大家从小就能积极参与，相信你一定能成长为一个具有奉献精神的人。

和同学讨论一下，曾经参加过哪些志愿服务或者公益行动，请把它记录下来：

想让世界变得更美好，我们可以努力学习科学知识，努力投入科学创新活动，展开创造的翅膀，尝试运用自己学习的知识进行科学小创造、小发明。2017年5月，有人评选出了中国的"新四大发明"：高铁、支付宝、共享单车和网购。仔细分析一下就能发现，"新四大发明"都依赖科技的高度发展。科技的发展让每一个人实实在在感受到"科技改变生活""科技点亮生活"。

在上海电视台新闻综合频道的《少年爱迪生》节目中，孩子们展示的是脑中满满的发明创意，这个节目吸引了全球17个国家和地区数千名小发明家的热情参与。在2017年第32届全国青少年创新大赛评选活动中，共评选出320项青少年科技创新成果，305项青少年科技实践活动获奖案例，都以其独特构思、巧妙设计展示了青少年无穷的智慧。我们来看一个参赛作品吧。

参赛者：西安建筑科技大学附属小学　李不同

参赛作品：针对现有残疾人阅读装置会出现书籍移动、翻书困难、阅读视线太远等问题，经过实验，他选择了以嘴控电磁铁和嘴控硅胶棒为核心装置，并为它们选择合适的台面、镀锌铁皮、滑槽、可升降支架等配件，组装成了一种"用嘴控制的阅读装置"。

李不同同学是一个富有爱心的孩子，观察到身边残疾人阅读的不便，从而带着爱刻苦钻研，不断实践，通过自己的小创造、小发明造福手脚都不灵便的残疾人。

孩子们，只要从小在心中埋下创新的种子，爱思考、爱动手，总有想不完的灵感，问不完的为什么，相信十年后，二十年后，你一定也能用科技改变人们的生活。

想让世界变得更美好，我们要善待地球上的每一个生命，无论是黄皮肤、白皮肤还是黑皮肤，无论是动物、植物还是山川河海，所有的生灵都有一个共同的母亲，那就是地球。几十亿年来，地球母亲无私地抚育着她的每一个孩子。

地球母亲,感谢您让我们共同沐浴日月光华,共同拥有一片平和的天空。

作为地球母亲最聪明的孩子,让我们共同期待每一个独一无二的生命焕发出美丽的光彩。

让我们深深祝福我们生活的世界将变得越来越美好!